# 超人气
# 欧式手编宝宝服

〔韩〕宋英艺 著

金善花 译

北京科学技术出版社

著作权合同登记号　图字：01—2016—4844 号

**图书在版编目（CIP）数据**

超人气欧式手编宝宝服 /（韩）宋英艺著；金善花译. —北京：北京科学技术出版社，2020.5

ISBN 978-7-5304-9833-0

Ⅰ . ①超… Ⅱ . ①宋… ②金… Ⅲ . ①童服－毛衣－编织－图集
Ⅳ . ① TS941.763.1-64

中国版本图书馆 CIP 数据核字（2018）第 212832 号

**超人气欧式手编宝宝服**

作　　者：〔韩〕宋英艺
译　　者：金善花
责任编辑：朱　琳
责任校对：贾　荣
责任印制：吕　越
封面设计：申　彪
出 版 人：曾庆宇
出版发行：北京科学技术出版社
社　　址：北京西直门南大街 16 号
邮政编码：100035
电话传真：0086-10-66135495（总编室）
　　　　　0086-10-66113227（发行部）
　　　　　0086-10-66161952（发行部传真）
电子信箱：bjkj@bjkjpress.com
网　　址：www.bkydw.cn
经　　销：新华书店
印　　刷：北京捷迅佳彩印刷有限公司
开　　本：710mm×1000mm　1/16
字　　数：180 千字
印　　张：12.25
版　　次：2020 年 5 月第 1 版
印　　次：2020 年 5 月第 1 次印刷
ISBN 978-7-5304-9833-0

定　　价：49.80 元

　　家里迎来了新生命，是多么令人欣喜幸福的事情。正在孕育新生命，或刚生完孩子的妈妈更能体会到这种喜悦。脑海中宝宝可爱的样子，让妈妈不自觉地开始着迷于各式各色的宝宝服。市场上的宝宝服饰品牌众多、款式多样，尤其是一些欧式风格的宝宝服，其独特的设计风格和颜色搭配，让热衷时尚、更愿意打扮孩子的年轻妈妈爱不释手。但是，小孩子成长很快，衣服的穿戴时间较短，相比之下价格又高，新手妈妈难免为此纠结犹豫。

　　那么，有没有价廉物美、还能融入妈妈对宝宝的爱的两全选择呢？我阅读过不少欧洲针织书和杂志，每每看到为宝宝购买高价品牌服饰的妈妈，总觉得有些可惜。因为我深知，只要准备优质毛线，再加上简单操作，就可以得到不亚于著名品牌的宝宝服。

　　"分享所知信息，让更多的妈妈和宝宝幸福快乐！"这就是我创作本书的初衷。一直以来，我都想写一本书关于宝宝编织服饰的书。喜欢编织的朋友们大概都听说过法国最著名的针织杂志《菲尔达》（*Phildar*），本书与《菲尔达》合作，精选杂志中介绍过的织法简单、款式时尚的宝宝服饰设计，用丰富的图片辅助详解，可以一目了然地看懂针织方法，而且所有款式只需平针织法就能操作完成。妈妈们一定会感叹"原来这么容易就能织出如此漂亮的宝宝服啊"。看到宝宝穿着自己亲手织出的漂亮衣服，心里更会充满喜悦和甜蜜。

　　妈妈手织的毛衣很老土？看过本书介绍的宝宝服，肯定不会再有这种想法了。您的孩子也可以像书中插图宝宝那么漂亮可爱。亲手给宝宝编织毛衣，不仅会给孩子带来贴身关爱，也会给自己留下美好回忆。请享受和孩子温柔相处的时光吧！

宋英艺

# CONTENTS
## ❋ 目 录 ❋

**PART 1** Oh My Lovely Kids!

# CONTENTS
## ❋ 目 录 ❋

# PART 2  Basic Lesson

# PART 3  HOW TO MAKE

PART 1

Oh My
Lovely Kids!

# 01

## 帽子和斗篷
### Bonnet & Cape
（制法P82）

为宝宝织一套"小红帽"那样可爱的
帽子和斗篷吧。
樱桃红的颜色让人眼前一亮，
斗篷大大的纽扣，
还有帽子上的大绒球，
宝宝见了一定喜欢。
微凉的天气，帽子和斗篷不仅能给宝
宝带来温暖，
也能让萌宝穿出时尚。

# 02

## 脚套和围脖帽子

Chaussons & Bonnet-écharpe

（制法见P84）

为孩子织一套脚套和围脖帽子吧，
脚套织长一些，就像小靴子一样，
不容易被孩子扯掉，又能保暖，
围脖和帽子连成一体的设计，很方便穿戴，
即使在寒冷的冬季，也能很好地保护孩子。

# 03
猫猫套装
Bonnet & Mitaines
（制法见P86）

普通的帽子绣上猫猫的图案
就是独一无二的个性帽子，
加上两边的流苏是不是很可爱？
配套的半指手套温暖宝宝的小手，
寒冷的冬天也不怕外出了！

# 04

## 马甲和套鞋

Gilet & Chaussons

（制法见P88）

起伏针针法织出简单又时
尚的马甲，
领口的纽扣显得宝宝更加
可爱。
套鞋增加了环脚踝的鞋带，
就像漂亮的玛丽珍鞋，
亮粉色更衬托宝宝的俏皮
可爱。

# 05

# 斗篷和围巾

Poncho & Écharpe

（制法见P93）

让宝宝更温暖的斗篷和围巾。
斗篷容易穿戴，作为冬天的着装更显方便，
加上可爱的围巾，宝宝时尚满分，
麦芽色和灰色相间，清新靓丽，
赶快完成这一套绝佳的搭配吧。

# 06 帽子和套鞋

## Bonnet & Chaussons

（制法见P95）

用柔软的毛线编织的宝宝帽子和套鞋。
可以保护耳朵的帽子和
能覆盖至脚踝的套鞋，
饱含妈妈对宝宝的爱意。
寒冷的冬天，让手工编织的帽子和套鞋
从头到脚保护宝宝的身体。

# 带帽子的
# 针织衫

Paletot à capuche

（制法见P97）

带帽子的针织衫，
只要一件就能包裹孩子的头
部和上身。
天气冷的时候再扣上扣子，
帽尖上还有流苏装饰，活泼
可爱。
深棕色温暖又时尚，
宝宝一定喜欢这件充满精致
细节的漂亮针织衫。

# 08

## 丝带披肩

Col à Gros Cape

（制法见P101）

靓丽的粉色披肩，配上大大的蝴蝶结，
只要有这么一件披肩，搭配任何服饰都显得很出众，
宝宝穿上这件既特别又可爱的礼物，
不管在哪里都能成为焦点。

# 09

连衣裙
Robe

（制法见P102）

一体式连衣裙,
不管有多冷,宝宝的着装要漂漂亮亮,
冬天毛线连衣裙是最好的选择,
领口和袖口的卷边设计,是不是很可爱?
胸口设计成褶皱样式,还有可爱的蝴蝶结,
时尚感和保暖性兼顾。

# 玩具和马甲
## Doudou & Gilet
（制法见P104）

可爱的玩具和马甲套装。
俏皮的翻领领口，
加上卷边装饰，
非常帅气的宝宝马甲。
搭配可爱的小蛇玩具，
宝宝一定会特别喜欢！

# 11

## 短袖套头衫
Pull

（制法见P107）

这款黄色短袖套头衫，胸前三粒扣子，简洁可爱。
短袖搭配起来很方便，可以和其他衣服搭在一起，冬天穿也没问题。
穿上这件短袖套头衫，宝宝像小鸡宝宝一样稚嫩可爱。

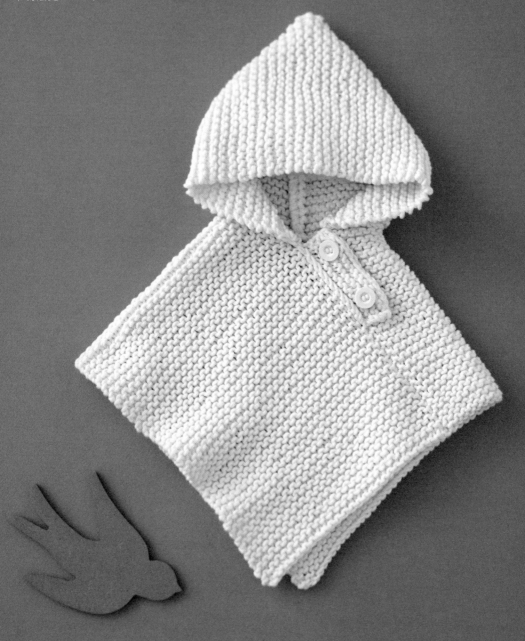

# 12

## 斗篷
### Poncho

（制法见P111）

带给宝宝温暖的斗篷，
起伏针编织法非常简单，
斗篷自带帽子，温暖又方便，
还有两个纽扣做装饰，
披上白色斗篷，
宝宝可爱得像个天使。

# 13

## 连体衣和针织衫
Combi & Cardigan

（制法见P113）

连体衣配上麻花瓣式肩带和腰带，
配套的短针织衫，
可爱的设计和优雅的卡其色，
给宝宝搭配一套时尚可爱的服饰，
比预期简单许多。

# 14

## 连衣裙和头巾

Robe & Fichu

（制法见P116）

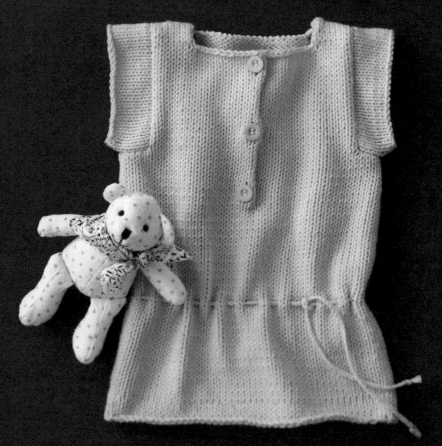

适合可爱女宝宝的长款连衣裙和头巾，
连衣裙的腰间要系紧，就是最新流行的款式，
用平针针法就能完成，
再绣上几个可爱的图案，显得更加俏皮可爱。

# 15

## 斗篷和帽子
### Poncho & Bonnet

（制法见P120）

温暖又可爱的斗篷和帽子。
用起伏针针法即可完成。
简单的款式加上流苏，
时尚感直线上升。
魅力一百分，温暖一百分。

# 16

## 针织衫披风
### Gilet-cape
（制法见P122）

披风式个性针织衫，
独特的设计，
让穿上这件针织衫的宝宝
变身可爱的小魔法师。
领口织得很板正，
加上三个大纽扣，
走到哪里都是受人关注的
漂亮外套。

033

# 17

## 围巾和斗篷
### Écharpe & Poncho
（制法见P124）

用柔软又温暖的毛线，编织出漂亮可爱的套装。
戴帽子的斗篷，卷边袖口，是不是很可爱。
条状围巾，俏皮可爱，
看起来就那么温暖贴心。

# 18

## 针织衫
### Paletot

（制法见P127）

起伏针针法演绎出美丽的细节，
可爱的领口和双排扣显得更乖巧，
麦芽色毛线清新简洁，
给宝宝织一件充满爱意的针织衫吧。

# 19

## 套头衫或针织衫 I

Cardigan ou Pull

（制法见P129）

宝宝是男孩还是女孩?
前开叉还是后开叉,蓝色背带或者粉色飘带……
可以根据需要随意变化,
制作一件适合宝宝的创意作品吧。

# 20

## 套鞋和连衣裙

Chaussons & Robe

（制法见P132）

紫色连衣裙和套鞋。
桃心领，反平针针法，还有卷边，
每个细节都那么精致。
连衣裙中间部分的褶皱显得时尚感十足，
套鞋的翻领设计
是编织物不容易达到的效果哦。

# 21

## 套头衫
### Brassière

（制法见P135）

为宝宝织一件柔软的套头衫吧,
平针针法织出条形纹,
四边形领口是否有些水手服的感觉?
白色和浅灰色组合也显得很时尚。

# 22

## 背心裙
### Tunique

（制法见P137）

这是很简单的长袍，
鲜艳的橙色和简单的编织方法，
是一件很漂亮的长袍。
穿戴感也很舒适，宝宝会很喜欢。
眼前仿佛出现宝宝穿着这件长袍
在海边玩耍的情景。

# 23

## 蝴蝶结无袖T恤

### Débardeur

（制法见P138）

公主风无袖 T 恤，
胸前一个大大的蝴蝶结，
干净舒服的浅灰色，
为宝宝增添更多漂亮指数。
穿上这件衣服，是不是立刻
想出去野餐？

# 条纹无袖T恤

## Débardeur

（制法见P142）

清新的海军风无袖T恤，
男宝宝版是标准海军风，女宝宝版增加花朵装饰，
麦芽色和深灰色交替的简单条纹，
无袖设计，暖和的时候可以单穿，
天气寒冷的时候也可以和其他衣服搭配，
营造出自己的风格。

047

# 婴儿抱被和挂件
Nid d'ange & Guirlande
（制法见P144）

用起伏针针法完成的婴儿抱被和可爱毛球挂件。

纽扣版婴儿抱被，非常方便，

各种大小和颜色的毛球挂件，

宝宝非常喜欢，

用温暖的抱被和挂件迎接刚出生的宝宝吧。

# 26

## 带帽针织衫和围巾
Paletot & Écharpe

（制法见P146）

尝试织一套厚厚的带帽
针织衫和围巾吧，
对于宝宝来说这是最好
的过冬衣服，
温暖地保护宝宝的身体，
又能演绎完美的时尚感。

051

# 27

## 无袖T恤

Débardeur

（制法见P154）

起伏针针法织出的无袖 T 恤，
粉色毛线和两个纽扣
显得宝宝更加可爱，
简单设计也能给宝宝更多温暖。

# 28

## 套头衫或针织衫 II

### Pull ou Cardigan

（制法见P156）

冬天的套头衫或针织衫似乎多少件都不为过。
如果是女宝宝，可以织一件圆领加毛球的套头衫，
如果是好动的男宝宝，做一件带纽扣的针织衫，更便于穿脱，
喜欢的话还可以加上小口袋，宝宝穿上会很有趣。

# 29

# 突尼斯式套头衫

## Pull Tunisien

（制法见P160）

混色毛线织出来的帅气套头衫，

个性 V 字领，起伏针凸显了突尼斯式风格，

低调又可爱的套头衫，在冬日里增加宝宝的幸福感。

# 30

## 马甲和短裤
### Gilet & Short
（制法见P164）

织一件像毛巾一样柔软的马甲，
再配一条背带短裤怎么样？
谐调的颜色搭配，打造小小时尚达人，
马甲上的复古风纽扣，重现了 50 年代的怀旧风。

# 31

## 毯子和抱枕
### Couverture & Coussin
（制法见P168）

柔软又温暖的毯子和抱枕,
绣上可爱的兔子图案,萌力十足,
抱枕上还有对长长的兔子耳朵,宝宝一定会很喜欢,
亲手做一套温暖呵护宝宝的毯子和抱枕吧。

# 背心裙和护腿

## Tunique & Guêtres

（制法见P172）

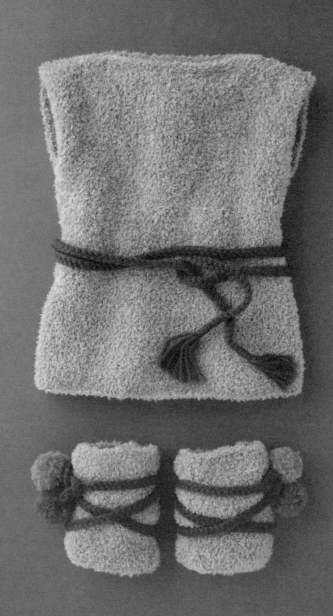

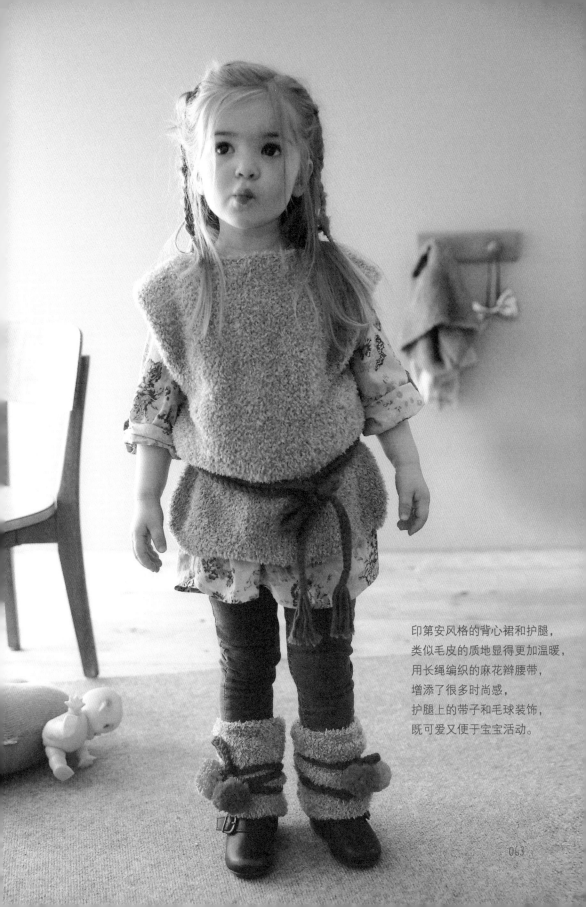

印第安风格的背心裙和护腿,
类似毛皮的质地显得更加温暖,
用长绳编织的麻花辫腰带,
增添了很多时尚感,
护腿上的带子和毛球装饰,
既可爱又便于宝宝活动。

# 连衣裙和套鞋

## Robe & Chaussons

（制法见P176）

用两种粉色搭配的连衣裙和套鞋，
配上蝴蝶结装饰，十分适合女宝宝，
V 型领口和略带压褶的连衣裙，
设计简洁的套鞋也有蝴蝶结，
完完全全是为女宝宝定制的一套美服。

# 34

## 防寒帽和披肩
Cagoule & Chèche
（制法见P180）

织一件可爱又温暖的配饰吧，
有小耳朵的防寒帽和颜色鲜明的披肩，
在寒冷的冬天，这些小配饰不仅能带来温暖，
实用有趣的配饰，让宝宝时尚满分。

35

背带马甲
Gilet

（制法见P184）

有背带的可爱马甲，
身后交叉的背带设计，增加了时尚感，
可以用平针、菠萝针或是双螺纹针，
衣服前后的扣子让穿脱更方便。

PART 2

Basic
Lesson

# ❄ 编织工具 ❄

1. **棒针**。棒针有多种材质，木质、不锈钢、塑料等，普遍使用的是木质棒针。棒针的粗细用号数来区分，有 0 号至 15 号。棒针有长有短，也有单头的。单头的棒针大多用于平片织物，两端均有针尖的棒针可用于圆形编织（环状编织）。

2. **防脱针帽**。用于棒针的一端，避免编织时脱针。没有织完的部分，用针帽固定可防止脱针。

3. **麻花针**。中间带有弯曲的针，材质一般是塑料或不锈钢，织麻花花型的时候保证不会脱针。

4. **毛线缝针**。连接两片编织物或者整理的时候使用。针尖圆一些比较好，根据毛线的粗细选择缝针大小。

5. **密度尺**。可以确认编织密度的工具，放在编织物上面，可以量横竖 10cm。密度尺上还有孔，用于确认棒针的粗细。

6. **钩针**。主要用于钩针编织和蕾丝编织，一端或者两端是钩形。

7. **记号环（针数）**。有别针形状和环形，用于标示针数。

8. **记号别针（行数）**。有别针形状和环形，用于标示行数。

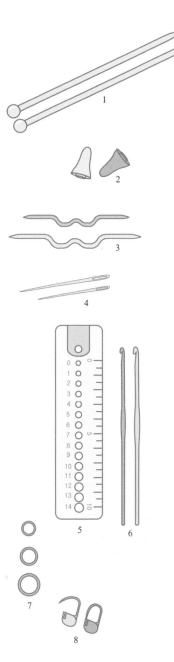

# ❄ 基础编织针法 ❄

## Lesson 1  法式起针法 - - - - - - - - - - - - - - - - - - - - - - - - - - - - - - - - - - - - - - -

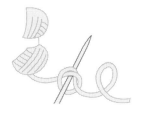

1. 从线团中扯出毛线，留出编织物宽度 4 倍的长度。

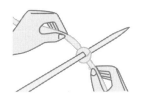

2. 将主线系在棒针的一边，这就是第一针。

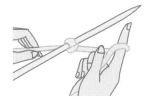

3. 将短线一端缠在右手食指上。

4. 棒针穿过手指缠绕的毛线，手指保持原位。

5. 左边的毛线，用棒针缠绕一遍（从前往后）。

6. 右手食指上毛线圈，用棒针穿过，大拇指移开。

7. 拉紧两边的毛线，固定刚刚形成的一针。

8. 重复步骤"4 ~ 6"，完成需要的针数。

### 法式起针法

- 用法式起针法起针时，起针行不计入编织物的行数，起针行漂亮的编织纹样会朝向织物的外侧。
- 用法式起针法，不容易卷边，非常方便。

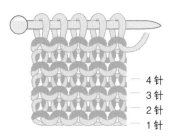

---- 4 针
---- 3 针
---- 2 针
---- 1 针

所有的行都是用正针织。
织 2 行正针称为起伏针针法的 1 行。

## 正针

1.右针由下向上插入挂在左针上的
　线圈。

2.毛线从两针之间带入，右针
　下撤。

3.右针尖穿过绕线形成的线圈，将绕线向左针前方拉出。

 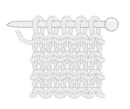

4.将左针上的线圈滑到右针上。

5.重复上述步骤。

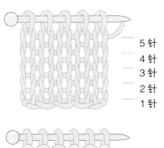

— 5针
— 4针
— 3针
— 2针
— 1针

1行正针、1行反针交替。
1行正针 + 1行反针称为平针针法的2行。

**正针平针**
从织片正面看到的平针结构。编织物在左针(如图所示),应用正针平针针法继续织。

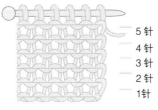

— 5针
— 4针
— 3针
— 2针
— 1针

**反针平针**
从织片反面看到的平针结构。编织物在左针(如图所示),应用反针平针针法继续织。

## 正针

1.右针插入第1个线圈。

2.右针缠绕毛线后,从毛线下方收回棒针。

3.右针尖穿过绕线形成的线圈,将绕线拉出。

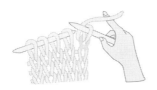

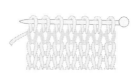

4.将左针上的线圈滑到右针上。

5.重复上述步骤。

## 反针

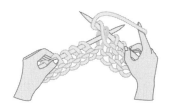

1.毛线放在棒针的前面,右针由上
向下插入挂在左针上的线圈。

2.将毛线从两针之间带入,缠绕右针。

3.右针尖带着线,向左针后方拉,
将左针上的线圈滑到右针上。

4.将左针上的针滑掉。

### Lesson 4 收针或者减针 - - - - - - - - - - - - - - - - - -

**收针或减针**

·如果想连续收针(减针),那么织 1
针后直接跳到步骤 2。
·如果要收左右针,织到右针只剩 1
针为止。然后剪断毛线,毛线穿过
其他针眼。

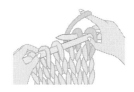

1.织前 2 针。

2.左针尖穿过右针上第 1 个线圈,覆盖第 2 针。

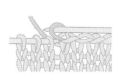
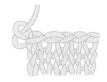

3.移开左针,右针上只剩 1 个线圈。就这样完成收 1 针或者减 1 针。

## Lesson 5 加针

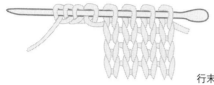

行末

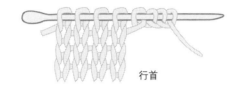

行首

在针上绕线，绕够所需数目，即完成相应加针。

## Lesson 6 休针

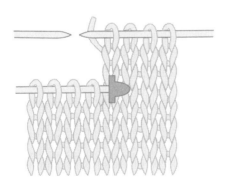

将一定的针留在棒针上，利用新的棒针继续织剩余的部分。
此时，用针帽固定需要休针的棒针，才能防止脱针。

## Lesson 7 换线

开始织新的一行时，适合换毛线。
剩余的毛线不足编织物的 4 倍时，需要换线。

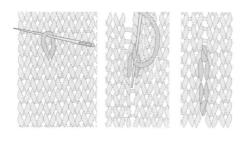

**将线圈拉出，制作扣眼。**

用缝合针将编织物中的一个线圈拉出，固定于上方 2 行处。下方也按上述方法制作。

  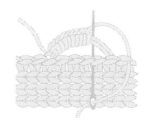

**利用缝合针制作扣眼。**

在编织物的边缘插入缝合针。根据纽扣的大小调整宽度后，2 次毛线穿过。
用 2 股线完成花式锁边绣，在编织物的里面整理织片。

Lesson 9  平针缝法 - - - - - - - - - - - - - - - - - - - - - - - - - - - - - - - - - - - - - - - - - - - - - - - -

**缝合。**

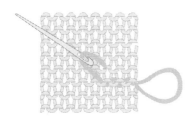

**整理织片。**

整理在侧线留出的毛线时，在编织物的里面，将毛线穿过几厘米的针眼，然后剪断毛线。

将编织物的表面相对应，缝合。

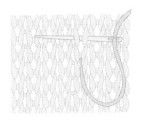  

将缝合针从编织物上的针眼穿过，再次穿过上一行的针眼底端。

然后，将缝合针插入毛线穿出的针眼。

最后再从下一个刺绣的针眼穿出即可。

## ❋ 本书样衣毛线材质简介 ❋
### 均为菲尔达（Phildar）产品

RAPIDO：50% 锦纶，25%腈纶，25%羊毛

RARTENER 6：50%锦纶，25%羊毛，25%腈纶

PARTENER 3.5：50%锦纶，25%羊毛，25%腈纶

PHIL DOUCE：100%涤纶

THALASSA：75%棉，25%天丝

ALVISO：60% 棉，40%腈纶

NEBULEUSE：41% 羊毛，41%腈纶，18%锦纶

FRIMAS：50%羊毛，50%棉

PHIL OURSON：88%腈纶，12%锦纶

LAINE COTON：50%羊毛，50%棉

PART 3

# HOW TO MAKE

## 帽 子 ～

**适用年龄：** 12 个月
**所需材料**
线：菲尔达 RAPIDO，樱桃红色 100 克
7mm 棒针，缝合针 1 根，纽扣 1 个
* 织片密度：11 针 16 行

编织法
1. 起 45 针，用平针编出 18cm（28 行）。
2. 下一行收针。

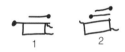

连接法
1. 整理织片。
2. 沿虚线对折，用缝合针沿缝制线缝合。
3. 带线挑一遍顶边，收紧线，形成褶皱。
4. 缝制绒球。

— 缝制线
〜 褶皱

## 斗 篷 ～

**适用年龄：** 12 个月
**所需材料**
线：菲尔达 RAPIDO，樱桃红色 100 克
7mm 棒针，缝合针 1 根，纽扣 1 个
* 织片密度：11 针 16 行

编织法
1. 起 24 针，用平针织出 20cm（32 行）。
2. 下一行收针。
   以相同的方法再织一片。

连接法
1. 整理织片。
2. 两片外侧相对，沿着缝制线缝合。
3. 留下 7cm 左右不缝。距新中线 9cm 处的
   顶边，左面缝制扣眼，右面缝上纽扣。
4. 扣上纽扣，翻好领子。

— 缝制线
· 纽扣
· 扣眼

绒球
1. 将厚纸板剪成 9cm 宽，沿水平中线剪开
   2/3 作切口，在纸板上绕线，缠够 100 圈
   后从切口处将线团扎紧。
2. 沿纸板上下两边剪断编织线，取出纸板。
   散开线头，修剪绒球形状。
3. 将绒球缝在帽子顶部。

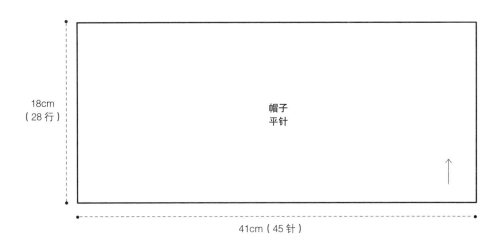

18cm
（28行）

帽子
平针

41cm（45针）

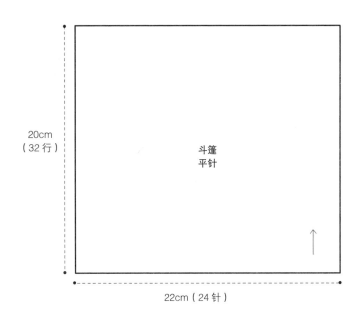

20cm
（32行）

斗篷
平针

22cm（24针）

**脚套和围脖帽子**（成品见 P4）

## 脚 套 ⟳

**适用年龄**：12 个月
**所需材料**
线：菲尔达 PARTENER 6，深灰色 50 克
6mm 棒针，缝合针 1 根，纽扣 6 个
* 织片密度：平针—15 针 21 行，起伏针—
15 针 30 行

编织法
1. 起 35 针，用起伏针织出 6.5cm（20 行）。
2. 下一行，收前 8 针，其余的针织到底。
3. 下一行，收前 8 针，其余的针织到底。
4. 剩余的 19 针再织出 7.5cm（22 行）。
5. 下一行收针。
6. 按上述方法，再织出另一只脚套。

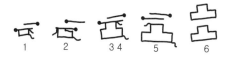

连接法
1. 整理织片。
2. 将织好的脚套对折，用缝合针缝合。（沿
   同种缝制线缝合）
3. 毛线沿虚线穿过每一针孔隙，拉紧毛线，
   形成褶皱后固定。
4. 缝上纽扣。

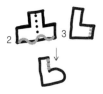

## 围脖帽子 ⟳

**适用年龄**：12 个月
**所需材料**
线：菲尔达 PARTENER 6，深灰色 100 克
6mm 棒针，缝合针 1 根
* 织片密度：平针—15 针 21 行，起伏针—15
针 30 行

编织法
1. 起 75 针，用起伏针织出 16cm（48 行）。
2. 下一行，织前 11 针，然后收 53 针，剩余
   的 11 针织出 24cm（72 行）。
3. 下一行，收 11 针。
4. 另一根棒针上的 11 针织出 24cm（72 行）。
5. 下一行收 11 针。

连接法
1. 整理织片。
2. 沿着中间的虚线对折后，用缝合针缝合。

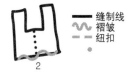

—— 缝制线
〰 褶皱
• 纽扣

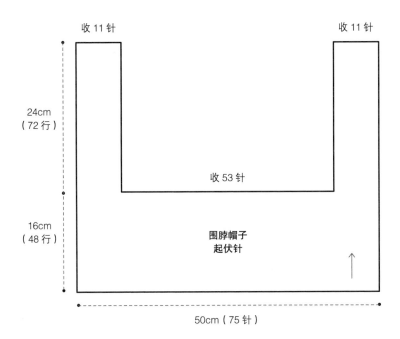

收 11 针　　　　　　　　　　　　　　　　　收 11 针

24cm
（72 行）

收 53 针

16cm
（48 行）

围脖帽子
起伏针

50cm（75 针）

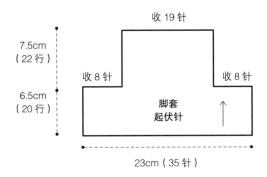

收 19 针

7.5cm
（22 行）

收 8 针　　　　　　　　　收 8 针

6.5cm
（20 行）

脚套
起伏针

23cm（35 针）

# 03 猫猫套装（成品见 P6）

## 帽 子 ∿

**适用年龄：** 12 个月
**所需材料**
线：菲尔达 PARTENER 3.5，铁灰色 50 克、深灰色 100 克
3.5mm 棒针，缝合针 1 根
* 织片密度：23 针 30 行

**编织法**
1. 起 47 针，用平针织出 18cm（54 行）。
2. 下一行收针。用同样的方法再织一片。

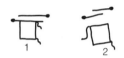

**连接法**
1. 整理织片。
2. 用平针绣法绣出小猫的眼睛、鼻子、嘴，胡须用轮廓绣。
3. 织好的 2 片外面相对，沿着同种缝制线缝好。
4. 将编好的 20cm 左右的流苏固定在帽子两侧。帽子的上方两角处，每针一次性穿过两层，用跑针绣出小猫的耳朵。

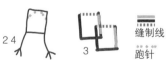

编好的流苏　编好的流苏

**编好的流苏（请参考 99 页）**
3 股（每股由 3 条铁灰色毛线组成，共 9 条）
用毛线编成流苏，固定于帽子上。

## 半指手套 ∿

**适用年龄：** 12 个月
**所需材料**
线：菲尔达 PARTENER 3.5，铁灰色 50 克
3.5mm 棒针，缝合针 1 根
* 织片密度：23 针 30 行

**编织法**
1. 起 37 针，用平针织出 8cm（24 行）。
2. 下一行收针。用同样的方法再织一片。

**连接法**
1. 整理织片。
2. 沿虚线将手套织片对折。
3. 如图，用缝合针缝好。留出 1.5cm 左右大拇指位置，不用缝合。

━━ 缝制线

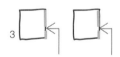

留出1.5cm左右大拇指位置，不用缝合

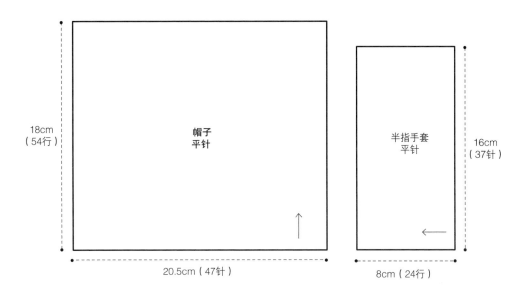

18cm
（54行）

帽子
平针

半指手套
平针

16cm
（37针）

20.5cm（47针）

8cm（24行）

小猫图案绣法

跑针

轮廓车缝针

中心 鼻子

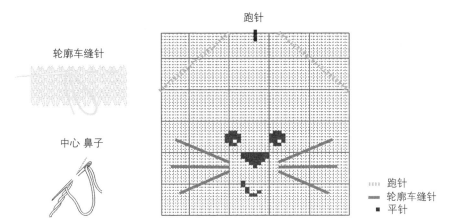

跑针
轮廓车缝针
■ 平针

# 04 马甲和套鞋（成品见P8）

~~~~~~~~~~~~~~~~~~~~~~~~~~~~~

## 马 甲 ❧

**适用年龄：** 12 个月

**所需材料**

线：菲尔达 PARTENER 3.5，亮粉色 100 克

3.5mm 棒针，缝合针 1 根，纽扣 1 个

\* 织片密度：平针—23 针 30 行，起伏针—
23 针 40 行

**编织法**

**背片**

1. 起 70 针，用起伏针织出 2cm（8 行）。
2. 下一行，先用起伏针织 5 针，再用平针织
   60 针，最后用起伏针织 5 针；按此法织
   出 2cm（8 行）。
3. 下一行，整行用平针织，织出 12cm
   （36 行）。
4. 下一行，先用起伏针织 5 针，再用平针织
   60 针，最后用起伏针织 5 针；按此法织
   出 9cm（26 行）。
5. 下一行，先用起伏针织 5 针，再用平针织
   13 针，接着用起伏针织 34 针，再用平针
   织 13 针，最后用起伏针织 5 针；按此法
   织出 2cm（8 行）。
6. 下一行，先织 23 针（起伏针 5 针，平针
   13 针，起伏针 5 针），休针；然后收 24
   针，再织 23 针（起伏针 5 针，平针 13
   针，起伏针 5 针），将这 23 针织出 1cm
   （4 行）。
7. 下一行，收 23 针。
8. 将休针的 23 行织出 1cm（4 行）。
9. 下一行，收 23 针。

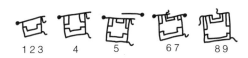

左前片

1. 起 38 针，用起伏针织出 2cm（8 行）。
2. 下一行，先用起伏针织 5 针，再用平针织
   28 针，最后用起伏针织 5 针；按此法织
   出 2cm（8 行）。
3. 下一行，先用平针织 33 针，再用起伏针
   织 5 针；按此法织出 12cm（36 行）。
4. 下一行，先用起伏针织 5 针，再用平针织
   28 针，最后用起伏针织 5 针；按此法织
   出 5cm（15 行）。
5. 下一行，先用起伏针织 5 针，再用平针织
   13 针，最后用起伏针织 20 针；按此法织
   出 2cm（8 行）。
6. 再织一行，先用起伏针织 5 针，再用平针
   织 13 针，再用起伏针织 5 针，最后的 15
   针收针。
7. 下一行，先用起伏针织 5 针，再用平针织
   13 针，最后用起伏针织 5 针；按此法织
   出 5cm（15 行）。
8. 整体高度为 28cm（90 行）时，收针。

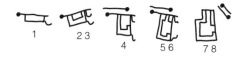

右前片

1. 起 38 针，用起伏针织出 2cm（8 行）。

2. 下一行，先用起伏针织 5 针，再用平针织 28 针，最后用起伏针织 5 针；按此法织出 2cm（8 行）。

3. 下一行，先用起伏针织 5 针，再用平针织 33 针；按此法织出 12cm（36 行）。

4. 下一行，先用起伏针织 5 针，再用平针织 28 针，最后用起伏针织 5 针；按此法织出 5cm（15 行）。

5. 下一行，先用起伏针织 20 针，再用平针织 13 针，最后用起伏针织 5 针；按此法织出 2cm（8 行）。

6. 再织一行，前 15 针收针，再用起伏针织 5 针，用平针织 13 针，最后用起伏针织 5 针。

7. 下一行，先用起伏针织 5 针，再用平针织 13 针，最后用起伏针织 5 针；按此法织出 5cm（15 行），收针。

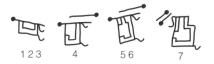

连接法

1. 整理织片。

2. 沿同种缝制线缝好。

3. 在右前片上，制作纽扣眼。

4. 在左前半片的对应位置固定纽扣。

○　纽扣眼

●　纽扣

〰　缝制线

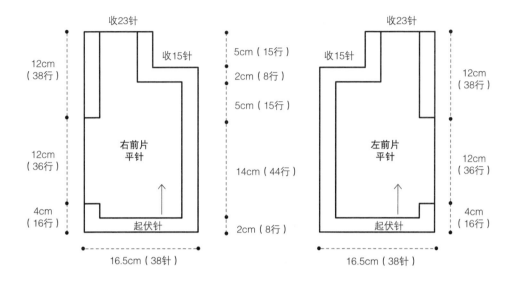

收23针

12cm
（38行）

收15针

12cm
（36行）

右前片
平针

4cm
（16行）

起伏针

16.5cm（38针）

5cm（15行）

2cm（8行）

5cm（15行）

14cm（44行）

2cm（8行）

收23针

收15针

12cm
（38行）

12cm
（36行）

左前片
平针

4cm
（16行）

起伏针

16.5cm（38针）

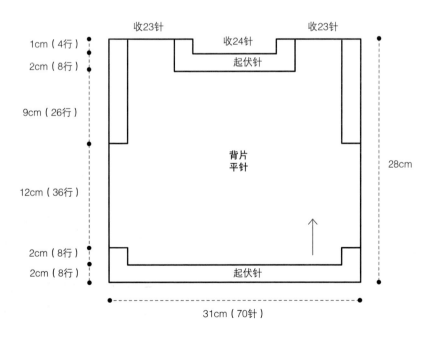

收23针

收24针

收23针

1cm（4行）

2cm（8行）

起伏针

9cm（26行）

背片
平针

28cm

12cm（36行）

2cm（8行）

2cm（8行）

起伏针

31cm（70针）

# 套 鞋 ～

**适用年龄：** 12 个月

**所需材料**

线：菲尔达 PARTENER 3.5，亮粉色 50 克

3.5mm 棒针，缝合针 1 根，纽扣 2 个，按扣

4 个

\* 织片密度：起伏针—23 针 40 行

## 编织法

### 套鞋

1. 起 45 针，用起伏针织出 5cm（20 行）。

2. 下一行，收前 17 针，织完其余的针。

3. 下一行，收前 17 针，织完其余的针。

4. 剩余的 11 针织出 7.5cm（30 行）。

5. 下一行，收针。

6. 用同样的方法，完成另一只套鞋。

### 鞋带

1. 起 34 针，用起伏针织出 1cm（4 行）。

2. 下一行，收针。

3. 用同样的方法，完成另一只鞋带。

## 连接法

1. 整理织片。

2. 沿着同种缝合。

3. 在鞋带的里侧固定按扣，并在按扣的外表面缝上装饰用纽扣。

━━ 缝制线

✿ 按扣

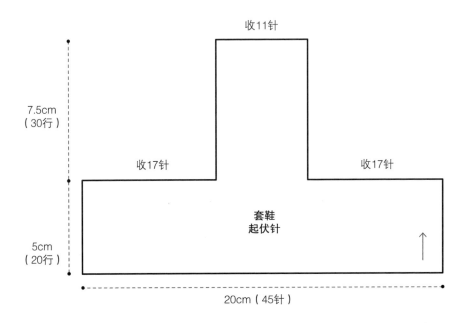

收11针

7.5cm
（30行）

收17针　　　　　　　　收17针

套鞋
起伏针

5cm
（20行）

20cm（45针）

鞋带

1cm（4行）

15cm（34针）

## 斗 篷

**适用年龄：** 12 个月
**所需材料**
线：菲尔达 PHIL DOUCE，棕灰色 100 克
5mm 棒针 2 套，缝合针 1 根，防脱针帽
2 个
* 织片密度：14 针 23 行

编织法
1. 起 64 针，用平针织出 19.5cm（44 行）。
2. 下一行织 27 针，右边棒针上防脱针帽。
   用另一根棒针收 10 针（领口部分），余下
   的 27 针织出 7cm（16 行），减断毛线，休
   针（用防脱针帽套好）。
3. 将右边棒针上的 27 针织出 7cm（16 行）。
4. 下一行织 27 针后，加 10 针织领口，把休
   针的 27 针连着织下去，变回 64 针。
5. 再织出 19.5cm（44 行）后，下一行收针。

## 围 巾

**适用年龄：** 12 个月
**所需材料**
线：菲尔达 PARTNER 6，灰色 50 克、麦芽
色 50 克
6mm 棒针，缝合针 1 根
* 织片密度：15 针 21 行

编织法
1. 起 13 针，用平针按条纹配色织法织出
   65cm（136 行）。
2. 下一行收针。

平针条纹配色织法
1. 灰色毛线织 8 行。
2. 麦芽色毛线再织 8 行。
3. 上述 16 行重复织 8 次，再用灰色毛线织
   8 行后收针（总共 136 行）。

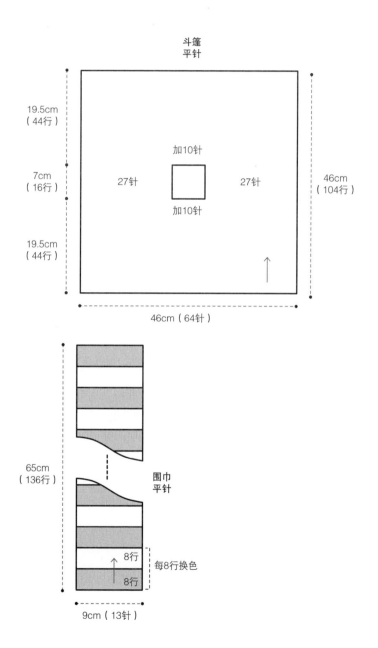

斗篷
平针

19.5cm
（44行）

加10针

27针　　　　27针

加10针

7cm
（16行）

19.5cm
（44行）

46cm
（104行）

46cm（64针）

65cm
（136行）

围巾
平针

8行

8行

每8行换色

9cm（13针）

## 06 帽子和套鞋（成品见 P12）

# 帽 子 ᗧ

**适用年龄：** 12 个月

**所需材料**

线：菲尔达 PHIL DOUCE，棕灰色 50 克

菲尔达 PARTNER 6，灰色 50 克，麦芽色 50 克

5mm 棒针，6mm 棒针，缝合针 1 根

* 织片密度：PHIL DOUCE—14 针 23 行，
PARTNER 6 —15 针 21 行，起伏针—15 针
30 行

**编织法**

1. 用 5mm 棒针和棕灰色毛线起 62 针，用
   平针织 13cm（30 行）。

2. 下一行换 6mm 棒针和灰色毛线，用起伏
   针织 1cm（4 行）。

3. 下一行收前 11 针，接着用起伏针织 8 针，
   织出耳套，再收 24 针，接着用起伏针织
   8 针，织出另一个耳套。最后的 11 针收
   针，剪断毛线。

4. 织第一个耳套的 8 针，用起伏针织出 2cm
   （6 行）。

5. 下一行收 8 针。

6. 织第二个耳套的 8 针，用起伏针织出 2cm
   （6 行）。

7. 下一行收 8 针。

**连接法**

1. 整理织片。

2. 用缝合针缝好帽子的边线。

3. 将帽子上方折出对称的四角，沿着缝制线
   缝好。

ᗢᗢᗢᗢ 缝制线

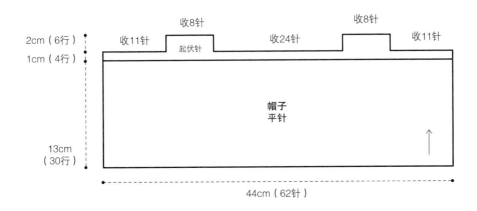

2cm（6 行）　收11针　收8针　收8针　收11针

1cm（4 行）　　起伏针　收24针

帽子
平针

13cm
（30行）

44cm（62 针）

# 套 鞋 ↷

**适用年龄：** 12 个月

**所需材料**

线：菲尔达 PHIL DOUCE，灰棕色 50 克

菲尔达 PARTNER 6，灰色 50 克，麦芽色 50 克

5mm 棒针，6mm 棒针，缝合针 1 根

\* 织片密度：PHIL DOUCE—14 针 23 行，

PARTNER 6—15 针 30 行

编织法

1. 用 6mm 棒针和灰色毛线起 35 针，用起
   伏针织 6.5cm（18 行）。

2. 下一行收前 8 针，其余的针继续织。

3. 下一行收前 8 针，其余的针继续织。

4. 剩余的 19 针换成 5mm 棒针和棕灰色毛线，
   以平针织 3cm（7 行）。

5. 下一行收针。

6. 按相同的方法，完成另一双套鞋。

连接法

1. 整理织片。

2. 套鞋对折后，沿同种缝制线缝合好。

3. 用缝合针和毛线沿虚线缝，拉紧毛线形成
   褶皱，固定好。

4. 将脚踝处翻口整理好。

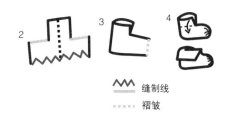

‸‸‸‸ 缝制线

⋯⋯ 褶皱

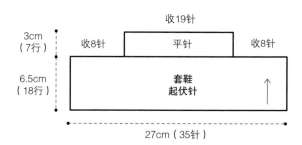

收19针

3cm（7行）　收8针　平针　收8针

6.5cm（18行）　套鞋
起伏针　↑

27cm（35针）

## 针织衫 〜

**适用年龄：**12 个月

**所需材料**

线：菲尔达 PARTNER 6，深棕色 350 克

6mm 棒针 2 套，缝合针 1 根，防脱针帽 1 个，
纽扣 4 个

\* 织片密度：起伏针—15 针 30 行

编织法

制作成整体面。

右前片

1. 起 24 针，用起伏针织 19cm（58 行）。

2. 下一行织 24 针后，加 35 针，总共变成
   59 针。

3. 继续用起伏法编织，织出 8cm（24 行）。

4. 下一行先收 10 针织成前领口，完成剩余
   49 针。

5. 继续用起伏针针法编织，织出 5cm
   （16 行）。

6. 剪断毛线，将这 49 针休针（用防脱针帽
   套好针尖）。

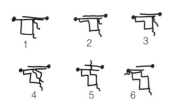

左前片

1. （用另一根棒针）起 24 针，用起伏针织
   19cm（58 行）。

2. 下一行先加 35 针，再继续织，总共变成
   59 针。

3. 继续用起伏针编织，织出 8cm（24 行）。

4. 再织一行（使左前片里面朝向编织者）。

5. 下一行收 10 针织成前领口，完成剩余
   49 针。

6. 继续编织。

背片

1. 又织出 5cm（16 行）后，先织 49 针，再
   加 16 针，然后连上右前片休针的 49 针，
   变成总共 114 针。

2. 继续用起伏针针法编织。

3. 又织出 11cm（32 行）后，先收 35 针。

4. 下一行再先收 35 针，完成剩余 44 针。

5. 继续编织，再织出 19cm(58 行)。

6. 整体高度 62cm（188 行）时，收针。

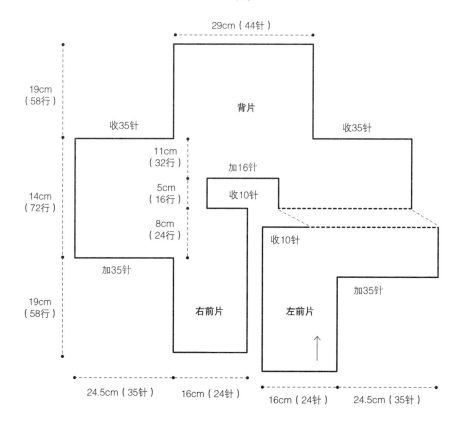

针织衫
平针

29cm（44针）

背片

19cm
（58行）

收35针

收35针

14cm
（72行）

11cm
（32行）

加16针

收10针

5cm
（16行）

收10针

8cm
（24行）

加35针

右前片

左前片

19cm
（58行）

加35针

24.5cm（35针）

16cm（24针）

16cm（24针）

24.5cm（35针）

# 帽 子 ↻

### 编织法

1. 起 75 针，用起伏针织出 18cm（54 行）。
2. 下一行收针。

### 连接法

1. 整理织片。
2. 将针织衫对折，沿同种缝制线缝好。
3. 袖口折叠 4cm 左右；缝上纽扣；整理针眼，扩大一些，做成扣眼。
4. 帽子沿中线对折，缝至针织衫领口处。帽子的顶端按一字型缝合。
   毛线编成条状后加上流苏装饰，固定至帽子的顶端。

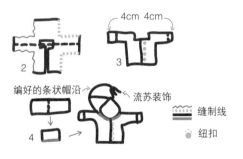

### 制作装饰流苏

1. 将厚纸板剪成 6cm 高，将毛线围片板缠绕多圈。
2. 如图，在纸板上方用多股线绑好线团后，剪断纸板下边的线。
3. 用同色线将流苏上端横向绑紧，上方的多股线编成麻花绳，将流苏修剪整齐。

### 编好的条状帽沿

用三根深棕色线（每根线由三股毛线组成）编好后，固定于帽子的顶端。

帽子
起伏针

50cm
（75针）

18cm（54行）

## 08 丝带披肩（成品见 P16）

### 披　肩 〜

**适用年龄：**12 个月

**所需材料**

线：菲尔达 PARTNER 3.5，粉色 100 克

4mm 棒针，缝合针 1 根

蝴蝶结丝带（长 100cm）

\* 针法：2：2 针 双罗纹针法

\* 织片密度：2：2 双罗纹针法（4mm 棒针，

10cm 正四边形）—40 针 28 行

织得稍微松一些

### 编织法

1. 用 4mm 棒针、2：2 双罗纹起 124 针，
   首尾各和反针织 3 针。

2. 织出 27cm（76 行）时，收针。

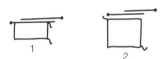

### 连接法

1. 蝴蝶结丝带剪成 2 段，整理两端，在距离
   底边 15cm 处与披肩缝合。

2. 将蝴蝶结末端剪成斜角。

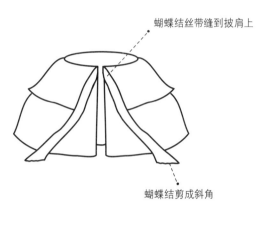

蝴蝶结丝带缝到披肩上

蝴蝶结剪成斜角

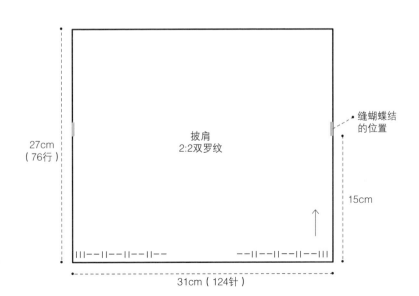

27cm（76行）

披肩
2:2双罗纹

缝蝴蝶结
的位置

15cm

31cm（124针）

101

# 09　连衣裙（成品见 P18）

## 连衣裙 ⤾

**适用年龄**：12 个月
**所需材料**
线：菲尔达 PARTNER 3.5，黑棕色 150 克
3.5mm 棒针 2 套，缝合针 1 根，蝴蝶结，防
脱针帽 1 个
* 织片密度：23 针 30 行

编织法
织出 1 张整片

1. 起 80 针，用平针织 26cm（78 行）。
2. 织 40 针，其余 40 针留在左边的棒针上，
   休针。
   用新的棒针织右边的 40 针，织出 20cm
   （60 行）时，休针（用防脱针帽固定）。
3. 用新的毛线，将左边休针的 40 针继续织
   出 20cm（60 行），剪断毛线。
4. 连接右边的 40 针和左边的 40 针，继续织
   出 26cm（78 行）。
5. 下一行收针。

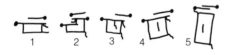

连接法

1. 整理织片。
2. 连衣裙的里侧相对，对折后，沿同种缝制
   线缝合。
3. 用跑针做出褶皱。

两侧缝合22cm

〰〰〰　缝制线
┈┈┈　褶皱

用跑针做褶皱
将蝴蝶结丝带穿到缝合针针孔中，在针眼之
间用跑针做出褶皱。

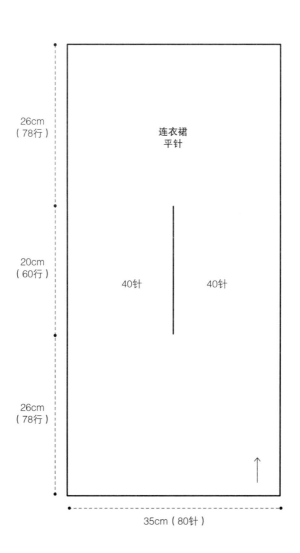

26cm
（78行）

连衣裙
平针

20cm
（60行）

40针　　40针

26cm
（78行）

35cm（80针）

# 10 玩具和马甲（成品见 P20）

## 玩具 ～

适用年龄：12 个月

所需材料

线：菲尔达 CABOTINE，白色 50 克、淡灰色 50 克；菲尔达 THALASSA，深灰色 50 克
3.5mm 棒针 2 套，缝合针 1 根

*织片密度：CABOTINE—21 针 30 行，
THALASSA— 20 针 28 行

编织法

1. 用白色毛线起 18 针，平针织出 42cm（124
   针），注意按配色方案换线。
2. 下一行收针。

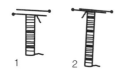

### 平针条纹织法

白色 10 行→浅灰色 6 行→（深灰色 2 行→
白色 2 行→深灰色 6 行→白色 2 行→浅灰色
6 行→白色 4 行→深灰色 4 行→浅灰色 6 行）
×3 次→深灰色 2 行→白色 2 行→深灰色 6
行→白色 2 行（总共 124 行）

### 连接法

1. 整理织片（用平针外表面）。
2. 沿着虚线对折后，沿缝线缝合。
3. 将起针行的每个针眼穿起来，拉紧。
4. 填充棉花，将收针的针眼穿起来，收紧。
5. 用灰色毛线，缝出眼睛。

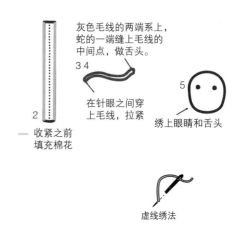

灰色毛线的两端系上，
蛇的一端缝上毛线的
中间点，做舌头。

3 4

在针眼之间穿
上毛线，拉紧

2

收紧之前
填充棉花

5

绣上眼睛和舌头

虚线绣法

玩具
平针

9cm（18针）

42cm（124行）

# 马 甲

**适用年龄：** 12 个月

**所需材料**

线：菲尔达 CABOTINE，浅灰色 100 克

3.5mm 棒针 2 套，缝合针 1 根，纽扣 3 个，

防脱针帽

\* 织片密度：21 针 30 行

## 编织法

### 背片

1. 起 58 针，用平针织出 17cm（50 行）。
2. 下一行，先收 5 针，其余的针织到最后。
3. 下一行再先收 5 针，剩下 48 针织完。
4. 继续用平针织出 12cm（36 行）。
5. 下一行，休 13 针（用防脱针帽固定），接下来 22 针收针，做成前领口，最后 13 针织出 1cm（4 行）。

### 右前片

1. 下一行，先加 14 针，整体变成 27 针。
2. 继续用平针织出 13cm（38 行）。
3. 下一行，织 27 针，再加 5 针，整体变成 32 针，织出 17cm（50 行）。
4. 整体高度达到 60cm（178 行），收针。

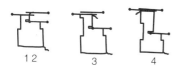

### 左前片

1. 将之前休针的 13 针，织出 1cm（4 行）。
2. 下一行织 13 针，加 14 针，整体变成 27 针。
3. 平针织，无加减针，织出 13cm（38 行）。
4. 下一行，首先加 5 针，整体变成 32 针。
5. 继续用平针织出 17cm（50 行）。
6. 整体高度达到 60cm（178 行），收针。

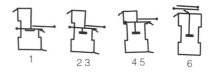

### 连接法

1. 整理织片。
2. 沿着虚线对折，沿同种缝制线缝好。
3. 将正面两个小角折一下，做成领口。
4. 缝好纽扣，放大针眼，做成扣眼。

```
——— 缝制线
·  纽扣
```

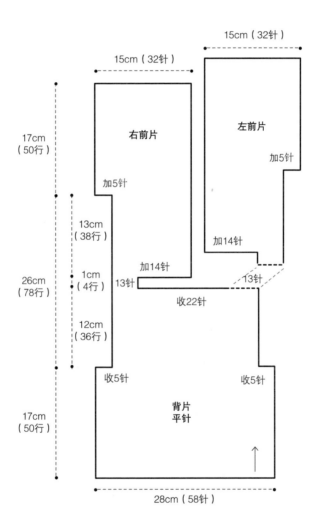

15cm（32针）

15cm（32针）

17cm
（50行）

右前片

左前片

加5针

加5针

13cm
（38行）

加14针

1cm
（4行）

加14针

26cm
（78行）

13针

13针

收22针

12cm
（36行）

收5针

收5针

17cm
（50行）

背片
平针

28cm（58针）

## 短袖套头衫 〜

**适用年龄：** 6 个月 /12 个月

**所需材料**

线：菲尔达 PARTNER 3.5，深黄色 150 克

3mm 棒针，4mm 棒针，缝合针 1 根，纽扣
3 个

\* 针法：1：1 单罗纹针法，起伏针针法

\* 织片密度：起伏针（4mm 棒针，10cm 正
四边形）—22 针 42 行

编织法

**<6 个月 >**

身体

当作一片整体来完成，从前片开始

1. 用 4mm 棒针、起伏针起 57 针，织 13cm
   （54 行）。

2. 按如下方法织出前开叉：
   前 27 针休针，然后收 3 针，剩余的 27 针
   织到底，织出 1cm（4 行）。

3. 下一行，先加 9 针作为袖口，整体上变成
   36 针，织出 6cm（26 行）。

4. 下一行，减 3 针，而后下面 2 行减 2 针 2
   次，再下面 2 行减 1 针 3 次，再下面 4 行
   减 1 针 2 次，织成前领口。织出 5cm（20

行）后，剩余 24 针。

5. 整体高度达到 25cm（104 行），休针。

6. 将"2"中休针的 27 针，以同样方式织到
   25cm（104 行）。

7. 从休针的 24 针开始织，加 27 针，织成后
   领口，将另一半休针的 24 针连在一起织。
   整体上变成 75 针。

8. 继续用起伏针织出 11cm（46 行）。

9. 下一行，首尾两边各收 9 针，剩余 57 针，
   织出 14cm（58 行）。

10. 整体高度达到 50cm（208 行），收针。

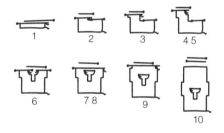

\* 领口、纽扣底衬及连接方法请参考
P109<12 个月 >

<6个月>

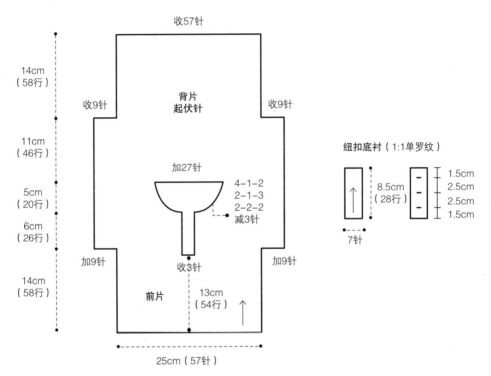

收57针

14cm（58行）

背片
起伏针

收9针　　　　　　　　收9针

11cm（46行）

加27针

4-1-2
2-1-3
2-2-2
减3针

5cm（20行）

6cm（26行）

加9针　　　收3针　　　加9针

14cm（58行）

前片　　13cm（54行）

25cm（57针）

纽扣底衬（1:1单罗纹）

8.5cm（28行）

1.5cm
2.5cm
2.5cm
1.5cm

7针

领部松紧口

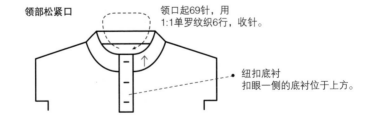

领口起69针，用
1:1单罗纹织6行，收针。

纽扣底衬
扣眼一侧的底衬位于上方。

## <12 个月 >

身体

当作一片整体来完成，从前片开始

1. 用 4mm 棒针、起伏针起 61 针，织 15cm（64 行）。

2. 按如下方法织出前开叉：
   前 29 针休针，然后收 3 针，剩余的 29 针织到底，织出 1cm（4 行）。

3. 下一行，先加 9 针，织出 6cm（24 行）作为袖口，整体上变成 38 针，织出 6cm（24 行）。

4. 下一行减 3 针，而后下面 2 行减 2 针 2 次，再下面 2 行减 1 针 3 次，再下面 4 行减 1 针 3 次，织成前领口。织出 6cm（24 行）后，剩余 25 针。

5. 整体高度达到 28cm（116 行），休针。

6. 将 "2" 中休针的 29 针，以同样方式织到 28cm（116 行）。

7. 从休针的 25 针开始针，加 29 针，织成后领口，将另一半休针的 25 针连在一起织。整体上变成 79 针。

8. 继续用起伏针织出 12cm（48 行）。

9. 下一行，首尾各收 9 针，剩余 61 针，织出 16cm（68 行）。

10. 整体高度达到 56cm（232 行），收针。

领部松紧口（通用）

1. 用 3mm 棒针连在领口处起针，6 个月用需起 69 针，12 个月用需起 83 针，1：1 松紧针织出 1.5cm（6 行）。首尾两端用反针各织 2 针。

2. 收针。

纽扣底衬（通用）

1. 用 3mm 棒针起 7 针，1：1 针松紧针织出 8.5cm（28 行）。首尾两端用上针各织 2 针。

2. 收针。

3. 用上述方法再织一片，但第二片底衬要按如下方法织出 3 个扣眼。
   第一个扣眼织在离底边 1.5cm 处，而后按 2.5cm 间隔再做 2 个。整理针眼做成扣眼。

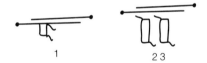

连接法（通用）

1. 缝好身体侧边和袖子底边。

2. 领口开叉处，缝上纽扣底衬。

3. 缝好纽扣。

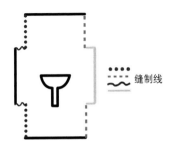

缝制线

<12个月用>

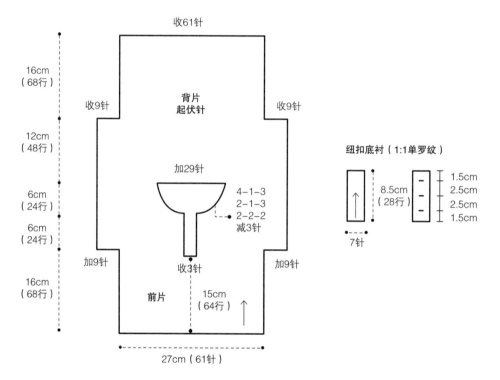

收61针

16cm（68行）

收9针　　背片起伏针　　收9针

12cm（48行）

加29针

6cm（24行）

4-1-3
2-1-3
2-2-2
减3针

6cm（24行）

加9针　　收3针　　加9针

16cm（68行）

前片　　15cm（64行）↑

27cm（61针）

纽扣底衬（1:1单罗纹）

8.5cm（28行）

1.5cm
2.5cm
2.5cm
1.5cm

7针

领部松紧口

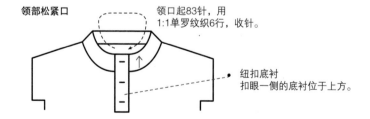

领口起83针，用1:1单罗纹织6行，收针。

纽扣底衬
扣眼一侧的底衬位于上方。

## 斗 篷 ॐ

**适用年龄：** 12 个月

**所需材料**

线：菲尔达 ALVISO，白色 250 克

5mm 棒针，缝合针 1 根，纽扣 2 个

* 织片密度：起伏针—14.5 针 28 行

编织法

身体

1. 起 60 针，用起伏针织出 22cm（62 行）。

2. 下一行收 27 针，其余的部分用 33 针织
   到底。

3. 继续用起伏针织出 40cm（112 行）。

4. 整体高度达到 62cm(174 行)，收针。

纽扣底衬

1. 起 14 针，用起伏针织 3cm（8 行）。

2. 下一行收针。

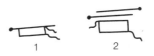

帽子

1. 起 28 针，用起伏针织 39cm（110 行）。

2. 下一行收针。

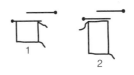

连接法

1. 整理织片。

2. 沿着斗篷的虚线，用针缝合同种缝制线。

3. 沿折线，缝好纽扣底衬。

4. 帽子沿着虚线折一半，沿曲线缝合。

5. 将帽子缝到斗篷的领口。

6. 整理针眼，做成纽扣眼，缝好纽扣。

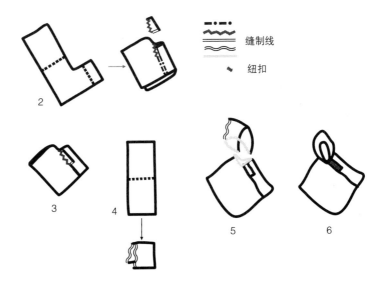

缝制线

纽扣

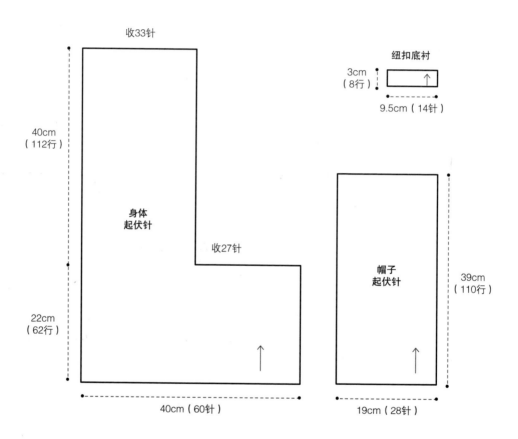

收33针

纽扣底衬

3cm
（8行）

9.5cm（14针）

40cm
（112行）

身体
起伏针

收27针

帽子
起伏针

39cm
（110行）

22cm
（62行）

40cm（60针）

19cm（28针）

## 连体衣

**适用年龄：** 12 个月

**所需材料**

线：菲尔达 THALASSA，卡其色 200 克
4mm 棒针 2 套，防脱针帽 1 个，缝合针 1 根，
松紧绳

\* 织片密度：平针—21 针 28 行

编织法

前片

1. 起 27 针，用平针织（平针反面朝外）。
2. 织出 5cm（14 行），剪断毛线，休针。（用防脱针帽固定）
3. 用另一根棒针起 27 针，用平针织出 5cm（14 行）。
4. 下一行，先织 27 针，加 3 针，将"2"中休针的 27 针连在一起织，总体变成 57 针。
5. 继续用平针织出 34cm（96 行）。
6. 整体高度达到 39cm（110 行），收针。

1  3    2    4    5    6

背片

按上述"前片"的方法再织一片。

连接法

1. 整理织片。
2. 将 2 片平针反面相对，沿缝制线缝好。将平针反面翻出，作连体衣表面。
3. 3 根毛线做成一股，将 3 股毛线编成 24cm 长麻花辫，制作 2 个麻花辫，固定在前片和背面的上方，缝在离两边边缘 8cm 处。

4. 3 根毛线做成一股，将 3 股毛线编成 76cm 长的麻花辫，当作腰带。
5. 再做两根 4cm 长的麻花辫，当作腰带扣，固定在侧边的 21.5cm 处。
6. 在前片和背面上边，从针眼间把松紧绳穿好。

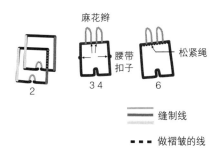

麻花辫

腰带扣子    松紧绳

2        3 4        6

▨▨▨▨ 缝制线

▬ ▬ ▬ 做褶皱的线

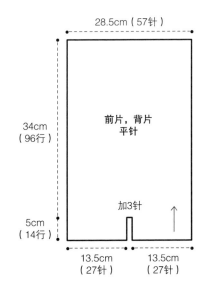

28.5cm（57 针）

前片，背片
平针

34cm（96 行）

加 3 针

5cm（14 行）

13.5cm（27 针）    13.5cm（27 针）

# 针织衫 ७

**适用年龄：**12 个月

**所需材料**

线：菲尔达 THALASSA，卡其色 150 克
4mm 棒针 2 套，缝合针 1 根，纽扣 2 个

\* 织片密度：平针—21 针 28 行

编织法

右前片

1. 起 30 针，用平针织 3.5cm（10 行）。
2. 下一行织 30 针后，加 41 针。总体变成
   71 针。
3. 继续用平针织出 7.5cm（20 行）。
4. 下一行收前 14 针作前领口。
5. 继续用平针织出 5cm（14 行）。
6. 整体高度达到 16cm（44 行），剪断毛线，
   休针（用防脱针帽固定）。

左前片

1. 起 30 针，用平针织 3.5cm（10 行）。
2. 下一行先加 41 针，总体变成 71 针。
3. 继续用平针织出 7.5cm（20 行）。
4. 再织 1 行（使平针里面朝向编织者）。
5. 下一行先收 14 针，做前领口。剩余 57 针。
6. 继续用平针织。

背片

1. 整体高度达到 16cm（44 行），继续织左
   前片休针的 57 针，加 22 针，接着织右前
   片休针的 57 针。总体变成 136 针。
2. 无须加减针，平针针法织。
3. 整体高度达到 27cm（74 行），收 41 针。
4. 下一行收 41 针，剩余 54 针。
5. 继续织到高度为 3.5cm（10 行）处。
6. 整体高度达到 30.5cm（84 行），收针。

连接法

1. 在平针针法织的表面整理织片。
2. 如图，把针织衫折一半，使平针针法织的
   里面相对，沿着相同的缝制线缝合。
3. 针织衫翻过来，使平针部分的里面朝外。
4. 在右前片缝上纽扣，扩大针眼做成纽
   扣眼。

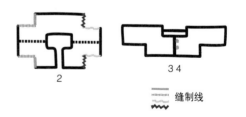

缝制线

针织衫
平针

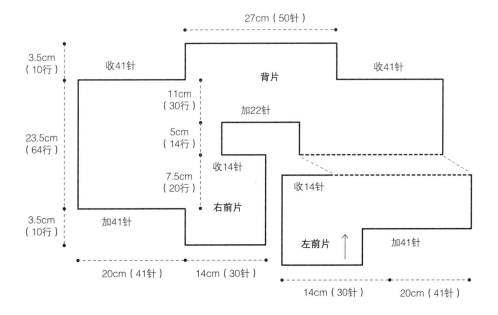

27cm（50针）

3.5cm
（10行）

收41针

收41针

背片

11cm
（30行）

加22针

23.5cm
（64行）

5cm
（14行）

收14针

7.5cm
（20行）

收14针

右前片

加41针

左前片

加41针

3.5cm
（10行）

20cm（41针）

14cm（30针）

14cm（30针）

20cm（41针）

# 14 连衣裙和头巾（成品见 P28）

## 连衣裙 ❧

**适用年龄：**12 个月

**所需材料**

线：菲尔达 THALASSA，亮粉色 200 克

4mm 棒针 2 套，防脱针帽 1 个，缝合针 1 根，

纽扣 3 个

* 织片密度：平针—20 针 28 行

编织法

背片

1. 起 58 针，用平针织出 30cm（84 行）。

2. 下一行，先收 5 针，其余的针织到底。

3. 下一行先收 5 针，其余的针织到底。剩余 48 针。

4. 继续用平针织出 13cm（36 行）。

5. 下一行，织 11 针，用防脱针帽固定休针。用另一根棒针，收 26 针。其余的 11 针织到底，织出高度 1cm（3 行）。

6. 下一行收 11 针。

7. 将"5"中休针的 11 针，继续织出 1cm（3 行）。

8. 下一行收针。

前片

1. 起 58 针，用平针织出 27cm（76 行）。

2. 下一行先织 27 针，翻过来加 4 针。剩余的 31 针休针（用防脱针帽固定）。用另一根棒针，将上述 31 针织出 3cm(8 行)。

3. 下一行收 5 针，剩余 26 针。

4. 继续用平针织出 10cm（28 行）。

5. 再织一行（使平针里面朝向编织者）。

6. 下一行收 15 针，其余的针织到底。剩余 11 针。

7. 继续用平针织 4cm（11 行）。

8. 下一行收 11 针。

9. 将"2"中休针的 31 针，织出 3cm（8 行）。

10. 再织一行（使平针里面朝向编织者）。

11. 下一行收 5 针，剩余 26 针。

12. 继续用平针织 10cm（28 行）。

13. 下一行收 15 针，其余的针织到底。剩余 11 针。

14. 继续用平针织出 4cm（11 行）。

15. 整体高度达到 44cm（123 行），收针。

袖口

1. 起 54 针，用平针织到 4cm（12 行）。

2. 下一行收针。

3. 用上述方法再织一片。

连衣裙连接法

1. 整理织片。

2. 2 片表面相对，沿着同种的缝制线缝合。

3. 袖口折一半，沿着侧线缝合。

4. 袖口缝合到织好的身体部分上。

5. 前面选好缝合纽扣的位置，做成纽扣眼，缝合纽扣。

6. 3 根线编成 90cm 麻花辫。

7. 编好的麻花辫在连衣裙的腰际线部分穿过针眼。

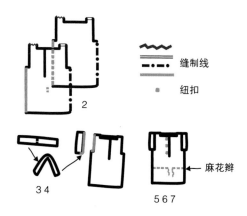

~~~~~~~ 缝制线

▪ 纽扣

2

3 4

5 6 7

← 麻花辫

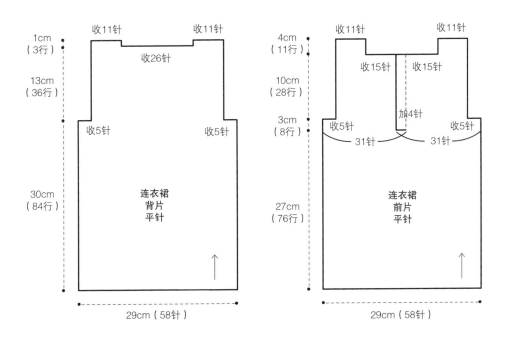

收11针　　　　　收11针

1cm
（3行）

收26针

13cm
（36行）

收5针　　　　　收5针

30cm
（84行）

连衣裙
背片
平针

29cm（58针）

4cm
（11行）

收11针　　　　　收11针

收15针　　收15针

10cm
（28行）

3cm
（8行）

加4针

收5针　　　　　收5针

31针　　　31针

27cm
（76行）

连衣裙
前片
平针

29cm（58针）

袖口（2片）

4cm
（12行）

平针

27cm（54针）

# 头 巾 ͡

**适用年龄：** 12 个月
**所需材料**
线：菲尔达 THALASSA，亮粉色 50 克
4mm 棒针，缝合针 1 根
* 织片密度：平针—20 针 28 行

编织法
头巾
1. 用亮粉色毛线起 42 针，平针织 21cm（58 行）。
2. 下一行收针。

头巾带
1. 用亮粉色毛线起 126 针，平针织 2cm（6行）处。
2. 下一行收针。

头巾连接法
1. 整理织片。
2. 在头巾的对角线上放头巾带，沿缝制线缝好。
3. 轮廓绣绣出图案。

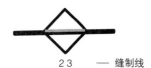

2 3 ── 缝制线

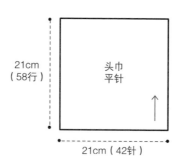

21cm（58行） 头巾 平针

21cm（42针）

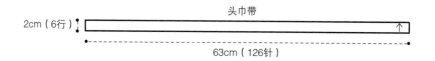

头巾带
2cm（6行）
63cm（126针）

轮廓绣绣出图案

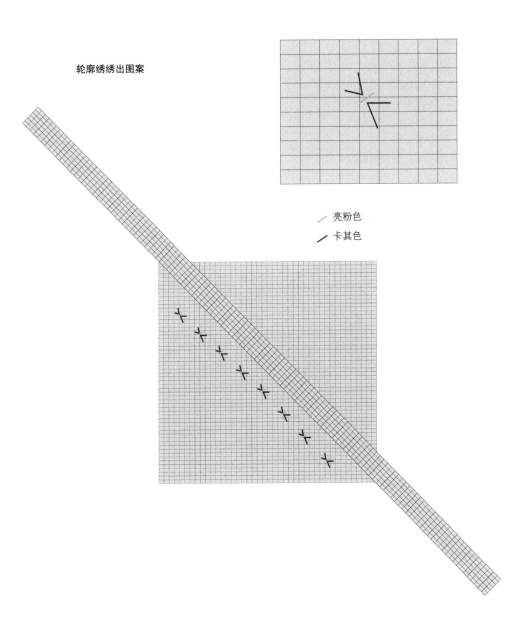

亮粉色

卡其色

## 15 斗篷和帽子（成品见 P30）

### 斗　篷

**适用年龄**：12 个月
**所需材料**
线：菲尔达 PARTNER 6，黑棕 250 克
5.5mm 棒针，缝合针 1 根
* 织片密度：起伏针—14 针 26 行

编织法
1. 起 48 针，用起伏针织到 34cm（88 行）。
2. 下一行收针。
3. 按相同的方法再织一片。

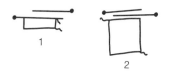

连接法
1. 整理织片。
2. 两片叠在一起，沿同种缝制线缝好。
3. 制作一个装饰用的流苏缝在前领口，固定
　　在 22.5cm 处。

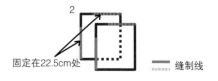

固定在22.5cm处　　▬▬ 缝制线

### 帽　子

**适用年龄**：12 个月
**所需材料**
线：菲尔达 PARTNER 6，黑棕 100 克
5.5cm 棒针，缝合针 1 根
* 织片密度：起伏针—14 针 26 行

编织法
1. 起 54 针，用起伏针织到 19cm（50 行）。
2. 下一行收针。

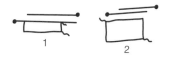

装饰用流苏
1. 将厚纸板剪成 9cm 宽，在纸板上绕线，
　　缠密。
2. 在上边用毛线扎紧，沿下边剪断毛线。
3. 将流苏上端用毛线横向绑紧，剪断线头，
　　整理流苏的长度。

麻花辫（请参考 99 页）
用 3 股线编。

帽子连接法
1. 整理织片。
2. 将帽子沿虚线对折。
3. 沿缝制线缝好。
4. 制作 32cm 长的麻花辫和 2 个装饰用流苏。
　　麻花辫从图示位置穿过针眼，装饰用流苏
　　固定在麻花辫的两端，收紧麻花辫，整理
　　帽形。

▬▬ 缝制线

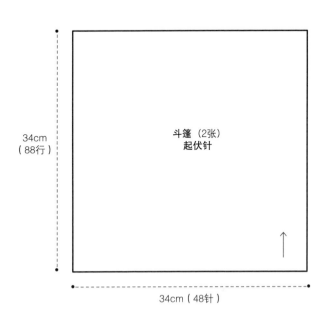

斗篷（2张）
起伏针

34cm
（88行）

34cm（48针）

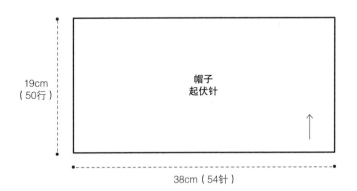

帽子
起伏针

19cm
（50行）

38cm（54针）

# 16  针织衫披风（成品见 P32）

## 针织衫披风 〜

**适用年龄**: 12 个月
**所需材料**
线：菲尔达 PARTNER 6，淡棕 200 克
5.5mm 棒针，缝合针 1 根，纽扣 3 个
* 织片密度：平针—16 针 22 行

编织法
肩片
1. 起 38 针，用平针织到 23cm（50 行）。
2. 下一行收针。再织一片。

背片
1. 起 40 针，用平针织到 19cm（42 针）。
2. 下一行收针。

前片
1. 起 21 针，用平针织到 19cm（42 行）。
2. 下一行收针。再织一片。

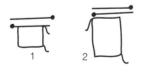

带子
1. 起 13 针，用平针织 2.5cm(6 行 )。
2. 下一行收针。再织一片。

连接法
1. 整理织片，沿同种缝制线缝合。
2. 沿虚线折叠。
3. 用带子固定前片和背片。
4. 右前片制作 3 个扣眼，在对应位置上固定
   纽扣。折叠出领口。

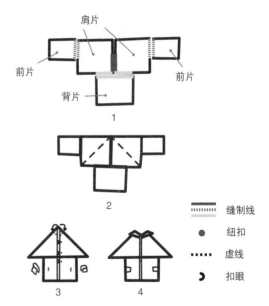

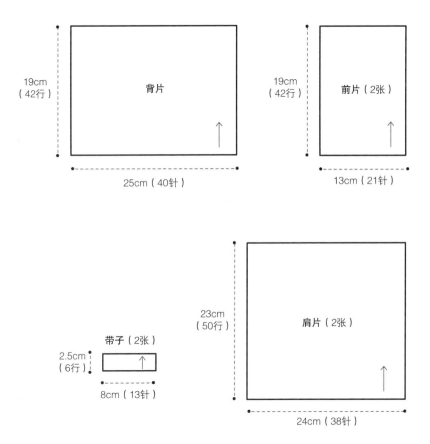

19cm
（42行）

背片

25cm（40针）

19cm
（42行）

前片（2张）

13cm（21针）

带子（2张）

2.5cm
（6行）

8cm（13针）

23cm
（50行）

肩片（2张）

24cm（38针）

# 17 围巾和斗篷（成品见 P34）

~~~~~~~~~~~~~~~~~~~~~~~~~~~

## 围 巾 〜

**适用年龄：** 12 个月

**所需材料**

线：菲尔达 PHIL DOUCE，巧克力色 50 克、
红色 50 克、橙色 50 克

5mm 棒针，缝合针 1 根

* 织片密度：平针—14 针 23 行

编织法

1. 起 14 针，用平针织，注意按配色方案
   换线。

2. 织到 91cm（170 行），收针，整理织片。

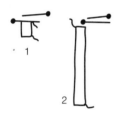

平针条纹织法

巧克力色 10 行→红色 10 行→巧克力色 10
行→橙色 10 行

将上述 40 行重复 4 次，最后再织巧克力色
10 行，收针。

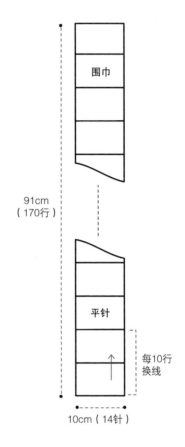

围巾

平针

91cm
（170行）

每10行
换线

10cm（14针）

# 斗 篷 ꙮ

**适用年龄:** 12 个月

**所需材料**

线:菲尔达 PHIL DOUCE,巧克力色 150 克

5mm 棒针,缝合针 1 根,纽扣 4 个

* 织片密度:平针—14 针 23 行

编织法

身体

1. 起 49 针,用平针织。

2. 织到 78cm(180 行),收针。

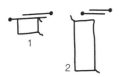

帽子

1. 起 27 针,用平针织。

2. 织到 43cm(98 行),收针。

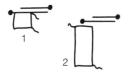

斗篷

1. 整理织片。

2. 帽子沿虚线对折,沿缝制线缝好。

3. 将身体的里侧,与帽子的下边对好位置,沿同种缝制线缝好。

4. 斗篷翻面,如图对折,沿同种缝制线缝好。

5. 斗篷再次翻面,如图对折,沿同种缝制线缝好。

6. 缝上纽扣,制作扣眼。

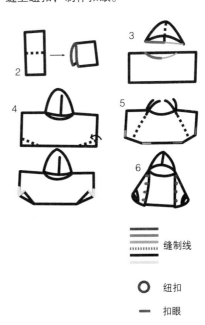

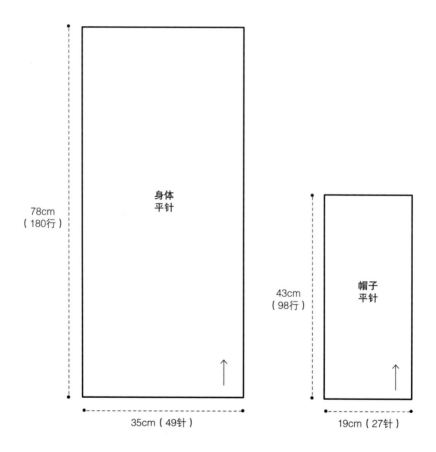

身体
平针

78cm
（180行）

35cm（49针）

帽子
平针

43cm
（98行）

19cm（27针）

## 针织衫

**适用年龄：** 12 个月

**所需材料**

线：菲尔达 PARTNER 6，麦芽色 300 克

5.5mm 棒针，防脱针帽 1 个，缝合针 1 根，

纽扣 4 个

\* 织片密度：平针—16 针 22 行，起伏针—

16 针 32 行

**编织法**

背片

1. 起 50 针，用平针织出 19cm（42 行）。

2. 下一行先加 31 针，织完 50 针后，再加
   31 针，总体变成 112 针。

3. 按如下方法继续织，织出 13cm（28 行）。
   起伏针 5 针→平针 102 针→起伏针 5 针

4. 下一行，织 46 针（起伏针 5 针、平针 41
   针）后，休针。用另一根棒针收 20 针。
   其余的 46 针织到底，织出 1cm（2 行）。

5. 下一行，收 46 针。

6. 将"4"中休针的 46 针织出 1cm（2 行）。

7. 下一行，收针。

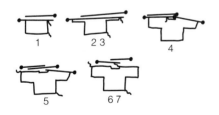

右前片

1. 起 33 针，用平针织出 19cm（42 行）。

2. 下一行织 33 针，加 31 针，总体变成 64 针。

3. 按如下继续织，织出 10cm（22 行）。
   平针 59 针→起伏针 5 针

4. 下一行，收 13 针。

5. 剩余 46 针（平针 41 针、起伏针 5 针），
   继续织出 4cm（8 行）。

6. 整体高度达到 33cm（72 行），收针。

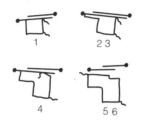

左前片

1. 起 33 针，用平针织出 19cm（42 行）。

2. 下一行首先加 31 针，总体变成 64 针。

3. 按如下继续织，织出 10cm（22 行）。
   起伏针 5 针→平针 59 针

4. 再织一行（使平针里面朝向编织者）。

5. 下一行收 13 针。

6. 剩余 46 针，继续织出 4cm（8 行）。

7. 整体高度达到 33cm（72 行），收针。

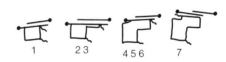

领子

1. 起 10 针，用起伏针织到 29cm（92 行）。

2. 下一行收针。

□袋

1. 起 13 针，用起伏针织到 3cm（10 行）。

2. 下一行收针。

3. 用相同的方法再织一片。

2. 把前片和背片叠在一起，沿同种缝制线缝合。

3. 缝合领子和装饰口袋。

4. 在右前片做扣眼，对应位置上固定纽扣。

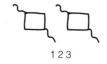

1 2 3

连接法

1. 整理织片。

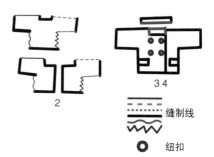

2

3 4

<br>〰〰〰 缝制线

⊙ 纽扣

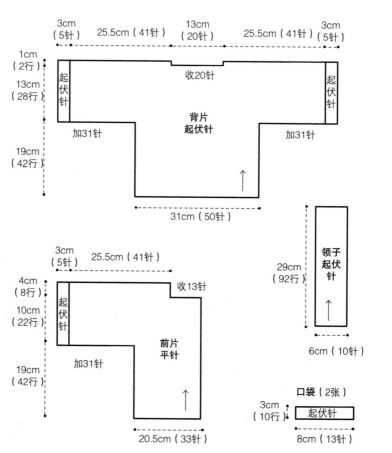

**套头衫或针织衫 I**（成品见 P38）

## 针织衫或者套头衫 ～

**适用年龄：** 12 个月

**所需材料**

线：菲尔达 PARTNER 3.5，亮棕色 200 克，藏蓝色 50 克或者粉色 50 克

3.5mm 棒针 2 套，防脱针帽一个，缝合针 1 根针织衫需要按扣 1 个，套头衫需要按扣 5 个

\* 织片密度：平针— 23 针 30 行，起伏针— 23 针 40 行

**编织法**

**背片**

1. 用亮棕色毛线起 67 针，用平针织出 18cm（54 行）。

2. 下一行先加 47 针，再织 67 针，再加 47 针，总体变成 161 针。

3. 继续用平针织出 9.5cm（28 行）。

4. 下一行织 68 针后休针，收 25 针，剩余的 68 针织出 2.5cm（8 行）。

5. 下一行收 68 针。

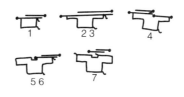

**左前片**

1. 用亮棕色毛线起 37 针，平针织出 18cm（54 行）。

2. 下一行织 37 针，加 47 针，总体变成 84 针。

3. 继续用平针织出 9.5cm（28 行）。

4. 下一行，收 16 针，剩余的 68 针，继续织出 2.5cm（8 行）。

5. 下一行收针。

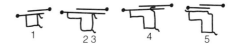

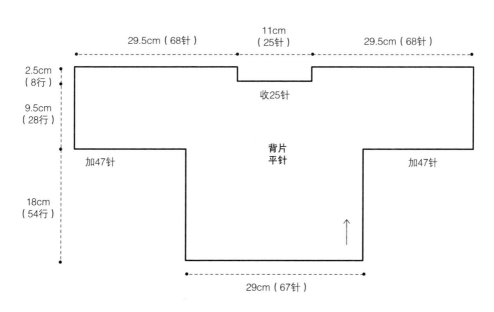

右前片

1. 用亮棕色毛线起 37 针，平针织出 18cm（54 行）。

2. 下一行首先加 47 针，再织 37 针，总体变成 84 针。

3. 继续用平针织出 9.5cm（28 行）。

4. 再织一行。

5. 下一行先收 16 针。剩余的 68 针，继续织出 2.5cm（8 行）。

6. 下一行收针。

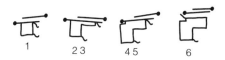

蝴蝶结（飘带 2 条）

1. 用粉色毛线起 5 针，平针织出 5cm（15 行），收针。

2. 用粉色毛线起 12 针，平针织出 7cm（21 行），收针。

连接法

1. 整理织片。

2. 前片和背片，表面相对，沿着同种缝制线缝好。

3. 用小飘带系紧大飘带中间部分，缝成蝴蝶结。

4. 把蝴蝶结飘带或者背带缝到衣服上，在内侧固定按扣。

背带（2 条）

1. 用藏蓝色毛线起 6 针，起伏针织出 60cm（240 行）。

2. 下一行收针。用相同的方法完成另一条背带。

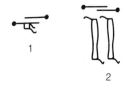

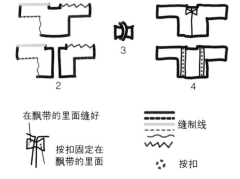

在飘带的里面缝好

按扣固定在飘带的里面

缝制线

按扣

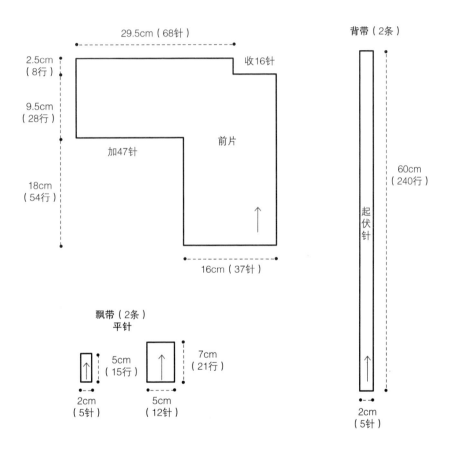

29.5cm（68针）

收16针

2.5cm
（8行）

9.5cm
（28行）

加47针

前片

18cm
（54行）

16cm（37针）

背带（2条）

起伏针

60cm
（240行）

2cm
（5针）

飘带（2条）
平针

5cm
（15行）

7cm
（21行）

2cm
（5针）

5cm
（12针）

# 20 套鞋和连衣裙（成品见P40）

## 套 鞋 ～

**适用年龄**：6个月
**所需材料**
线：菲尔达 PARTNER 3.5，紫红色50克
3.5mm 棒针2套，缝合针1根
*织片密度：平针—23针30行，起伏针—23针40行

编织法
鞋面

1. 起51针，用平针织出。
2. 织出4.5cm（14行）后，收前10针，剩余的针织到底。
3. 下一行收10针，剩余的31针织到底。
4. 织出6cm（18行），收31针。
5. 用相同的方法再织一片。

鞋底

1. 起13针，用起伏针织。
2. 织到整体高度8cm（32行），收针。

连接法

1. 整理织片。
2. 鞋面对折，沿同种缝制线缝合。
3. 沿同种缝制线缝合1cm。
4. 缝合鞋底，注意将四个角缝合成曲线。
5. 将脚踝部分如图向外折叠。

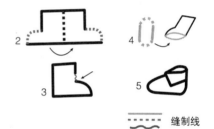

~~~~~~~~ 缝制线

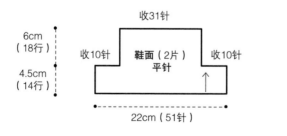

收31针

6cm
（18行）

收10针  鞋面（2片）  收10针
         平针

4.5cm
（14行）

22cm（51针）

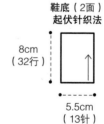

鞋底（2面）
起伏针织法

8cm
（32行）

5.5cm
（13针）

# 连衣裙 ꙳

**适用年龄：**6 个月 /12 个月

**所需材料**

连衣裙

线：菲尔达 PARTNER 3.5，紫红色 150 克

3.5mm 棒针 2 套，防脱针帽 1 个，缝合针 1 根

* 织片密度：平针—— 23 针 30 行

编织法

### <6 个月 连衣裙 >

背片

1. 起 75 针，用平针织。

2. 织出 23cm（68 针）后，下一行先织 26 针，用防脱针帽固定休针。用另一根棒针织 23 针，收针。其余 26 针织到底。

3. 织出 13cm（40 行）后，收针。

4. 继续用平针织休针的 26 针。

5. 也织出 13cm(40 行 ) 后，收针。

前片

按背片的织法织前片。

### <12 个月 连衣裙 >

背片

1. 起 81 针，用平针织。

2. 织出 26cm(78 行 ) 后，下一行先织 28 针，用防脱针帽固定休针。用另一根棒针织 25 针，收针。其余 28 针织到底。

3. 织出 14cm（42 行）后，收针。

4. 继续用平针织休针的 28 针。

5. 也织出 14cm(42 行 ) 后，收针。

前片

按背片的织法织前片。

连接法

1. 整理织片。

2. 两片里侧相对，沿同种缝制线缝合。

3. 中间开叉的部分，沿缝制线缝合。6 个月的背片 3cm，前片 5cm；12 个月的背片 4cm，前片 6cm。多余的部分，用一般缝制线固定在里面。

4. 领口部分两边各向外折叠出 4 针固定；肩膀也用相同的方法固定。

6个月缝23cm，12个月缝26cm。

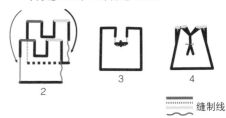

꙳꙳꙳꙳꙳꙳꙳꙳꙳ 缝制线

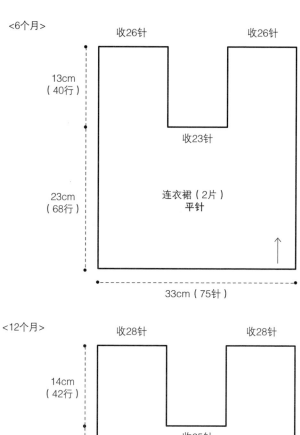

<6个月>

收26针　　　　　　收26针

13cm
（40行）

收23针

23cm
（68行）

连衣裙（2片）
平针

33cm（75针）

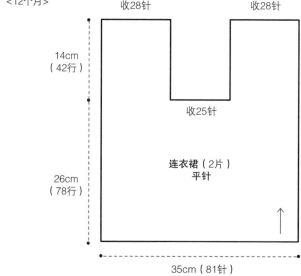

<12个月>

收28针　　　　　　收28针

14cm
（42行）

收25针

26cm
（78行）

连衣裙（2片）
平针

35cm（81针）

## 套头衫 ◟

**适用年龄：** 12 个月

**所需材料**

线：菲尔达 CABOTINE，亮灰色 100 克、白色 100 克、灰色 50 克

3.5mm 棒针 2 套，缝合针 1 根，防脱针帽 1 个，按扣 4 个

* 织片密度：21 针 30 行

编织法

平针条纹织法

亮灰色 4 行→白色 4 行

重复上述 8 行。

左背片

当一面织。

1. 用亮灰色毛线起 33 针，用平针条纹织法织出 19cm（58 行）。

2. 下一行先织 33 针，加 43 针，总针数变成 76 针。

3. 继续织条纹。

4. 织出 10cm（30 行）后，收 15 针作为领口部分，剩余 61 针织到底。

5. 继续织条纹。

6. 织出 6cm（18 行）后，剪断毛线，休针（用针帽固定）。

右背片

1. 用亮灰色毛线起 33 针，用平针条纹织法织出 19cm（58 行）。

2. 下一行先加 43 针，再织 33 针，总针数变成 76 针。

3. 继续织条纹。

4. 织出 10cm（30 行）后，再织一行（使织片里面朝向编织者）。

5. 下一行先收 15 针，作为领口部分，剩余 61 针。

6. 继续织条形纹，织出 6cm（18 行）。

前片

1. 整体高度达到 35cm（106 行）时，先织 61 针，加 25 针，接着左背片休针的 61 针继续织，总针数变成 147 针。

2. 继续织条形纹，织出 8cm（24 行）。

3. 下一行，先收 43 针，其余织到底。

4. 再下一行，先收 43 针，其余织到底，总针数变成 61 针。

5. 继续织 58 行条纹。

6. 收针。

连接法

1. 整理织片。

2. 将套头衫对折，按同种缝制线缝合。

3. 在背面缝上按扣。

4. 在前领口用平针绣法绣上三角形。

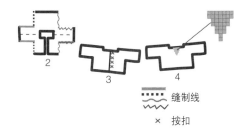

缝制线

× 按扣

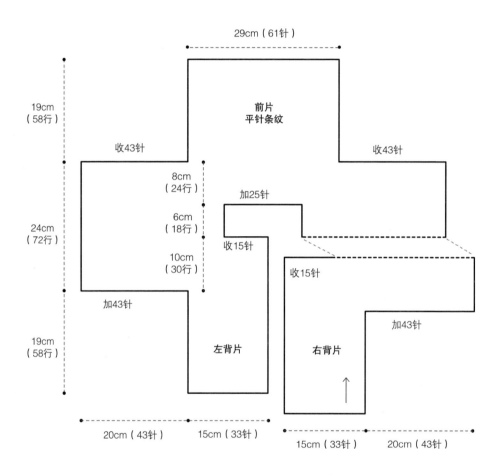

29cm（61针）

前片
平针条纹

19cm
（58行）

收43针

收43针

8cm
（24行）

加25针

6cm
（18行）

收15针

24cm
（72行）

10cm
（30行）

收15针

加43针

左背片

右背片

19cm
（58行）

加43针

20cm（43针）

15cm（33针）

15cm（33针）

20cm（43针）

## 22  背心裙（成品见 P44）

### 背心裙 ꙮ

**适用年龄**：4 岁（身高 102cm）
**所需材料**
线：菲尔达 THALASSA，橙色 200 克
3mm 棒针，9mm 棒针，缝合针 1 根，记号
别针
* 织片密度：应用纹（3mm 棒针、9mm 棒
针交替，10cm 正方形）—12 针 18 行
1 行：3mm 棒针织下针。
2 行：9mm 棒针织下针。

编织法

1. 用 3mm 棒针起 49 针。

2. 交替使用 3mm 棒针和 9mm 棒针，织应
   用纹。

3. 织出 29cm（52 行），用记号别针做标识。
   继续横向织。

4. 织出 16cm（28行），收针。中间的 27 针，
   将成为领口，所以用记号别针做标记。
   11 针（肩）→记号别针→ 27 针（领）→
   记号别针→ 11 针（肩）

5. 用相同的方法再织一片。

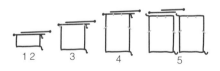

1 2　　3　　4　　5

连接法
按记号别针的标记将肩部和侧线缝合。

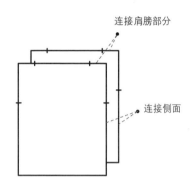

连接肩膀部分

连接侧面

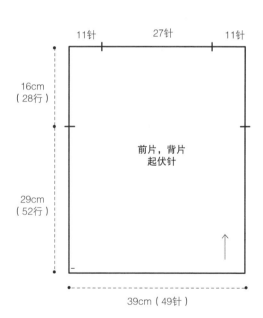

11针　　27针　　11针

16cm
（28行）

29cm
（52行）

前片，背片
起伏针

39cm（49针）

## 23 蝴蝶结无袖 T 恤（成品见 P45）

## 无袖 T 恤 ॐ

**适用年龄**：2 岁
**所需材料**
线：菲尔达 COTON 3，浅灰色 150 克
2.5mm 棒针，3mm 棒针，缝制线 1 根，记
号别针，保险别针
* 织片密度：3mm 棒针 反平针—26 针 35 行

编织法
背片

1. 用 2.5mm 棒针起 82 针，用起伏针织出
   1cm（4 行）。

2. 换成 3mm 棒针，用反平针织，纹样朝织
   片外侧。

3. 每 10 行减 1 针，重复 4 次；每 8 行减 1 针，
   重复 2 次。

4. 两侧减针后，总针数变成 70 针。

5. 用起伏针织出 18cm（64 行），在两边收
   3 针。

6. 每 2 行减 2 针，重复 3 次；每 2 行减 1 针，
   重复 4 次。

7. 减针后，总针数变成 44 针。

8. 起伏针织出 26cm（92 行），在中间部分
   收 6 针。

9. 两侧领口，每 2 行减 3 针，反复 1 次；每
   2 行减 2 针，反复 2 次；每 2 行减 1 针，
   反复 3 次。

10. 用起伏针织到 29cm（102 行），收针做
    成肩部斜面。

11. 肩部斜面每 2 行收 3 针，重复 3 次；反
    方向对称完成。

中间带

用 3mm 棒针起 73 针，在 56 针处用记号别
针标记，平针织出 3.5cm（12 行）（正平针
组织朝向外侧）。

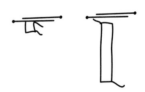

138

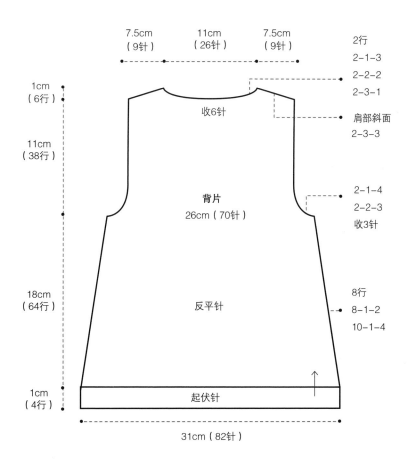

7.5cm（9针） 11cm（26针） 7.5cm（9针）

2行
2-1-3
2-2-2
2-3-1

1cm（6行）

肩部斜面
2-3-3

收6针

11cm（38行）

背片
26cm（70针）

2-1-4
2-2-3
收3针

18cm（64行）

反平针

8行
8-1-2
10-1-4

1cm（4行）

起伏针

31cm（82针）

前片

1. 前片从左侧开始织。

2. 用 2.5mm 棒针起 38 针，起伏针织出 1cm（4 行）。

3. 换成 3mm 棒针，用反平针织，纹样朝织片外侧。

4. 每 10 行减 1 针，重复 4 次；每 8 行减 1 针，重复 2 次。

5. 减少侧线，会剩余 32 针。

6. 起伏针织法织到 18cm（64 行），在右边末端收 3 针。

7. 每 2 行减 2 针，反复 3 次；每 2 行减 1 针，反复 4 次。

8. 起伏针织法织到 18.5cm（66 行），正在织的左侧移至保险别针。

9. 反方向也对称地完成。

10. 第二次部分连接，首先在第一次（左侧部分）加针，连接至第二面。（领口和袖口继续减少）

11. 减少领口和袖口和，会剩余 44 针。

12. 起伏针织法织到 19cm（67 行），如图示，领口的分成两部分，各自减针织。

13. 每 2 行减 1 针，反复 1 次；每 4 行减 1 针，反复 1 次；以上步骤重复 6 次。

14. 起伏针织法织到 29cm（102 行），收针做成肩膀倾斜面。

15. 肩膀倾斜面，每 2 行收 3 针，反复 3 次。反方向也对称地完成。

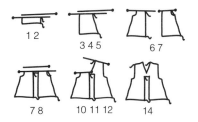

蝴蝶结

利用 3mm 棒针，起 26 针，平针织 16cm（56 行）（用正平针织，纹样朝织片外侧）。

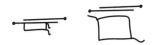

连接法

1. 侧线用缝合针缝合。

2. 肩膀部分，用缝合针平针连接法缝合。

3. 中间带缝至记号别针标记的地方为止。使缝合在前片边缘的 2 针露于外侧。

4. 蝴蝶结固定于前片的上端，拉紧蝴蝶结的中间部分，将中间带的剩余部分穿过并固定。

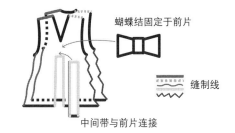

蝴蝶结固定于前片

缝制线

中间带与前片连接

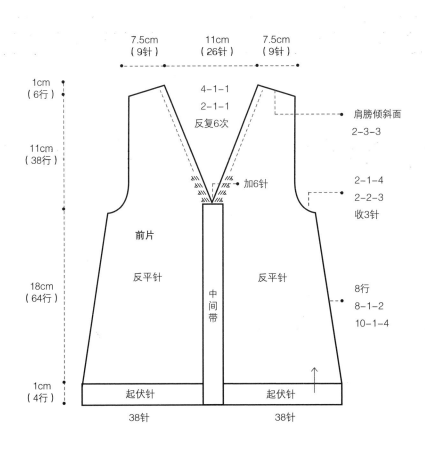

7.5cm
(9针)

11cm
(26针)

7.5cm
(9针)

1cm
(6行)

4-1-1
2-1-1
反复6次

肩膀倾斜面
2-3-3

11cm
(38行)

加6针

2-1-4
2-2-3
收3针

前片

反平针

反平针

中间带

8行
8-1-2
10-1-4

18cm
(64行)

1cm
(4行)

起伏针

起伏针

38针

38针

# 24 条纹无袖 T 恤（成品见 P46）

## 无袖 T 恤

**适用年龄：**12 个月
**所需材料**
线：菲尔达 THALASSA，麦芽色 100 克，灰色 50 克
4mm 棒针 2 套，防脱针帽 1 个，缝合针 1 根
*织片密度：20 针 28 行

编织法
平针条纹织法
麦芽色 6 行→灰色 2 行
重复上述 8 行。

背片和前片
1. 起 58 针，用平针条纹织法。
2. 织出 20cm（56 行）后，下一行先收 7 针，剩余的针织到底，总针数变成 51 针。
3. 下一行，先收 7 针，剩余的针织到底。总针数变成 44 针。
4. 继续用平针条纹织法织出 6.5cm（18 行）。
5. 下一行，先织 11 针，用防脱针帽固定休针。用另一根棒针收 22 针，剩余的 11 针继续织，织出 4.5cm（12 行）。
6. 下一行收 11 针。
7. 将休针的 11 针也织出 4.5cm（12 行）。
8. 下一行收 11 针。
9. 用相同的方法再织一片。

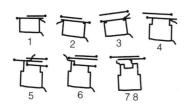

花朵
编成 2 股麻花辫。将 2 个花朵装饰叠放在一起，中间用麦芽色毛线固定。

拉紧毛线，做成圆形，打结。

每个花瓣的长度
麦芽色 6cm
灰色 4cm

麦芽色花朵    灰色花朵    麻花辫

连接法
1. 整理织片。
2. 两片外侧相对，沿同种缝制线缝合。

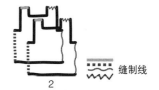

2    缝制线

麻花辫
1. 将 3 根（每根 2 股，共 6 股）麦芽毛线，编成长度 55cm 的麻花辫。
2. 将 3 根（每根 1 股，共 3 股）灰色毛线，编成长度 30cm 的麻花辫。

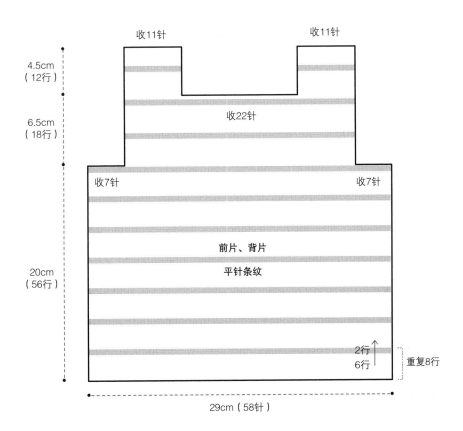

收11针　　　　　　　　收11针

4.5cm
（12行）

收22针

6.5cm
（18行）

收7针　　　　　　　　收7针

前片、背片

平针条纹

20cm
（56行）

2行
6行　　重复8行

29cm（58针）

## 25 婴儿抱被和挂件（成品见 P48）

### 婴儿抱被 ∿

**适用年龄：** 12 个月

**所需材料**

线：菲尔达 NEBULEUSE，灰色 500 克、粉色 50 克

6mm 棒针，缝合针 1 根，纽扣 5 个

\* 织片密度：起伏针—12 针 24 行

**编织法**

**背片**

1. 用灰色毛线起 52 针，用起伏针织。
2. 织到 76cm（182 行），收针。

**前片**

1. 用灰色毛线起 29 针，用起伏针织。
2. 织到 55cm（132 行），收针。
3. 用相同的方法再织一片。

**连接婴儿抱被**

1. 整理织片，将两个前片叠放在背片上，沿同种缝制线缝合。沿着虚线折成三角形。
2. 用 3 根 2 股的粉色毛线编成 13cm 长的麻花辫，固定到婴儿抱被的上方。
3. 用前片的大针眼做成扣眼，在对应的一侧缝好纽扣。

### 挂件 ∿

**适用年龄：** 12 个月

**所需材料**

线：菲尔达 NEBULEUSE，粉色 50 克、淡褐色 50 克、棕红色 50 克、薄荷色 50 克

缝合针 1 根

**编织法**

1. 用 2 股淡褐色毛线，做成 190cm 长的编织绳。
2. 用四种颜色各做一个直径 4cm 的毛球，一个直径 5cm 的毛球和一个直径 8cm 的毛球（总共 12 个）。
3. 按如下颜色顺序，将毛球固定在编织绳上。

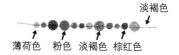

淡褐色

薄荷色　粉色　淡褐色　棕红色

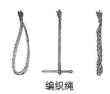

编织绳

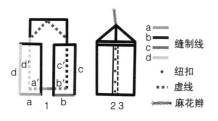

| | |
|---|---|
| a | |
| b | |
| c | 缝制线 |
| d | |
| • | 纽扣 |
| ▪▪▪ | 虚线 |
| ✕✕✕ | 麻花辫 |

婴儿抱被

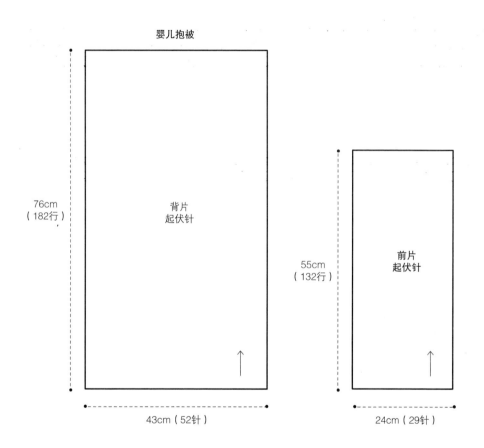

76cm
（182行）

背片
起伏针

55cm
（132行）

前片
起伏针

43cm（52针）

24cm（29针）

**带帽针织衫和围巾**（成品见 P50）

## 带帽针织衫 ๑

**适用年龄**：2 ~ 4 岁

**所需材料**

线：菲尔达 NEBULEUSE，蓝色 350 克（2 岁）/ 450 克（4 岁）

7mm 棒针 2 套，防脱针帽 1 个，缝合针 1 根，纽扣 5 个

\* 织片密度：平针— 12 针 17 行，起伏针— 12 针 24 行

**编织法**

**<2 岁 >**

背片

1. 起 41 针，用起伏针织 2cm（4 行）。
2. 继续用平针织出 25cm（42 行）。
3. 下一行先收 4 针，剩余的 37 针织到底。
4. 下一行再收 4 针，剩余的 33 针织到底。
5. 织到整体高度 28cm（48 行），用起伏针织 2 行。
6. 用平针织到整体高度 38cm（66 行），下一行织 10 针，用针帽固定，休针。用新的棒针，收 13 针，将剩余 10 针织 2cm（4 行）。
7. 下一行收 10 针。
8. 将之前休针的 10 针织出 2cm（4 行）。
9. 下一行收针。

右前片

1. 起 24 针，用起伏针织 2cm（4 行）。
2. 继续用平针织出 25cm（42 行）。
3. 再织一行（使织片里面朝向编织者）。
4. 下一行先收 4 针，剩余的 20 针织到底。
5. 织到整体高度 28cm（48 行）后，用起伏针织 2 行。
6. 用平针织到整体高度 36cm（62 行），下一行收 10 针，将剩余 10 针织 4cm（8 行）。
7. 下一行收针。

左前片

1. 起 24 针，用起伏针织 2cm（4 行）。
2. 继续用平针织出 25cm（42 行）。
3. 下一行先收 4 针，剩余的 20 针织到底。
4. 织到整体高度达到 28cm（48 行），用起伏针织 2 行。
5. 用平针织到整体高度 36cm（62 行），再织一行（使织片里面朝向编织者）。
6. 下一行收 10 针，剩余 10 针织 4cm（8 行）。
7. 下一行收针。

<2 岁 >

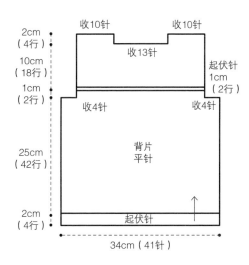

2cm
（4行）
收10针          收10针
          收13针
10cm
（18行）
                         起伏针
                         1cm
1cm              （2行）
（2行）
收4针            收4针
25cm
（42行）       背片
              平针
2cm                         起伏针
（4行）
34cm（41针）

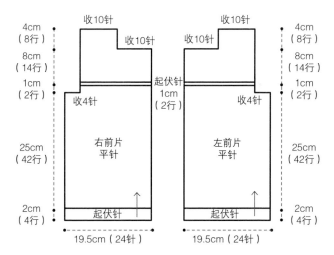

4cm          收10针         收10针          4cm
（8行）              收10针    收10针               （8行）
8cm                                       8cm
（14行）                                      （14行）
1cm                     起伏针              1cm
（2行）                   1cm               （2行）
收4针            （2行）        收4针
25cm         右前片          左前片        25cm
（42行）       平针           平针         （42行）
2cm          起伏针          起伏针        2cm
（4行）                                     （4行）
19.5cm（24针）    19.5cm（24针）

袖子

1. 起 33 针，用起伏针织 4 行后，继续用平针织。

2. 织到整体高度 5cm（10 行），用起伏针织 2 行，继续用平针织。

3. 织到整体高度达到 27cm（48 行），收针。

4. 用相同的方法再织一片。

帽子

1. 起 57 针，起伏针织 4 行后，继续用平针织。

2. 织到整体高度 22cm（38 行），收针。

口袋

1. 起 12 针，用平针织 9.5cm（16 行）。

2. 用起伏针织 2 行。

3. 下一行收针。

4. 用相同的方法再织一片。

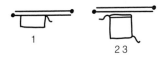

# 围 巾 ୭

**所需材料（2 岁、4 岁通用）**

线：菲尔达 NEBULEUSE，灰色 50 克、浅薄荷色 50 克

7mm 棒针，缝合针 1 根

*织片密度：平针—12 针 17 行

编织法

1. 用灰色毛线起 15 针，搭配亮薄荷色毛线，用平针条纹编织法织 100cm（170 行）。

2. 下一行收针，整理织片。

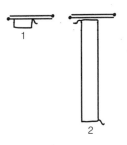

平针条纹编织法

灰色 2 行→亮薄荷色 2 行

不剪断毛线，按上述步骤反复编织。

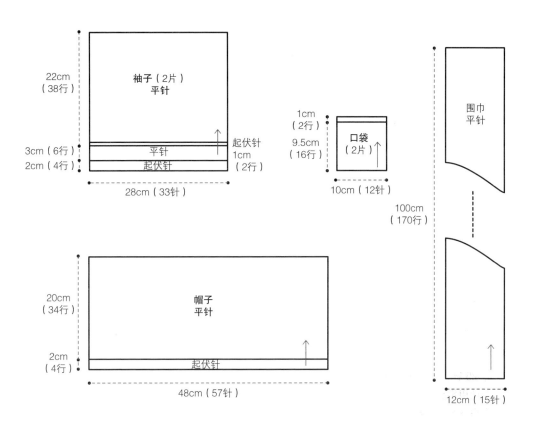

袖子（2片）
平针

22cm
（38行）

3cm（6行）
2cm（4行）

平针
起伏针

起伏针
1cm
（2行）

28cm（33针）

1cm
（2行）

9.5cm
（16行）

口袋
（2片）

10cm（12针）

围巾
平针

100cm
（170行）

12cm（15针）

帽子
平针

20cm
（34行）

2cm
（4行）

起伏针

48cm（57针）

## <4 岁 >

背片

1. 起 44 针，用起伏针织 2cm（4 行）。
2. 继续用平针织出 27cm（46 行）。
3. 下一行先收 4 针，剩余的 40 针织到底。
4. 下一行再收 4 针，剩余的 36 针织到底。
5. 织到整体高度 30cm（52 行），用起伏针织 2 行。
6. 用平针织到整体高度 42cm（72 行），下一行织 11 针，用针帽固定，休针。用新的棒针，收 14 针，将剩余 14 针织 2cm（4 行）。
7. 下一行收 14 针。
8. 将之前休针的 11 针织出 2cm（4 行）。
9. 下一行收针。

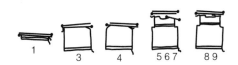

右前片

1. 起 25 针，用起伏针织 2cm（4 行）。
2. 继续用平针织出 27cm（46 行）。
3. 再织一行（使织片里面朝向编织者）。
4. 下一行先收 4 针，剩余的 21 针织到底。
5. 织到整体高度 30cm（52 行）后，用起伏针织 2 行。
6. 用平针织到整体高度 40cm（68 行），下一行收 10 针，将剩余 11 针织 4cm（8 行）。
7. 下一行收针。

左前片

1. 起 25 针，用起伏针织 2cm（4 行）。
2. 继续用平针织出 27cm（46 行）。
3. 下一行先收 4 针，剩余的 21 针织到底。
4. 织到整体高度达到 30cm（52 行），用起伏针织 2 行。
5. 用平针织到整体高度 40cm（68 行），再织一行（使织片里面朝向编织者）。
6. 下一行收 10 针，剩余 11 针织 4cm（8 行）。
7. 下一行收针。

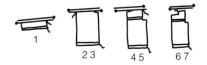

<4 岁>

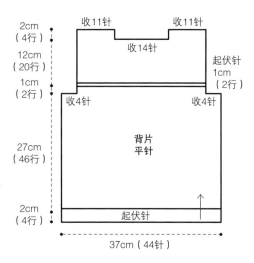

收11针 　　　　 收11针

2cm
(4行)

收14针

12cm
(20行)

起伏针
1cm
(2行)

1cm
(2行)

收4针 　　　　　　　 收4针

27cm
(46行)

背片
平针

2cm
(4行)

起伏针 ↑

37cm (44针)

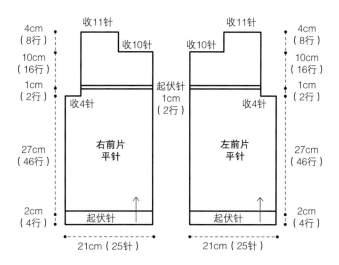

收11针 　　　　　　　 收11针

4cm
(8行)

收10针 　　 收10针

4cm
(8行)

10cm
(16行)

10cm
(16行)

1cm
(2行)

起伏针
1cm
(2行)

1cm
(2行)

收4针 　　　　　　 收4针

27cm
(46行)

右前片
平针

左前片
平针

27cm
(46行)

2cm
(4行)

起伏针 ↑　　　　 起伏针 ↑

2cm
(4行)

21cm (25针)　　　　 21cm (25针)

袖子

1. 起 38 针，用起伏针织 4 行后，继续用平针织。

2. 织到整体高度 5cm（10 行），用起伏针织 2 行，继续用平针织。

3. 织到整体高度达到 31.5cm（56行），收针。

4. 用相同的方法再织一片。

帽子

1. 起 60 针，起伏针织 4 行后，继续用平针针法织。

2. 织到整体高度 23cm（40 行），收针。

口袋

1. 起 13 针，用平针织 10.5cm（18 行）。

2. 用起伏针织 2 行。

3. 下一行收针。

4. 用相同的方法再织一片。

围巾

1. 用灰色毛线起 16 针，搭配亮薄荷色毛线，用平针条纹编织法织 110cm（186 行）。

2. 下一行收针，整理织片。

平针条纹编织法

灰色 2 行→亮薄荷色 2 行

不剪断毛线，按上述步骤反复编织。

连接法（通用）

1. 整理织片。

2. 前片和背片外侧相对，沿同种缝制线缝合。

3. 将袖子纵向对折，沿缝制线缝合。

4. 用缝合针将袖子缝至主体部分。

5. 将口袋固定至主体部分。

6. 将纽扣固定在右前片，反方向对应位置上扩大针眼制作扣眼。

7. 将帽子沿折叠线对折，沿缝制线缝合到主体部分的领口上。

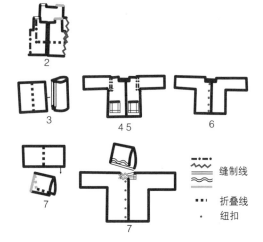

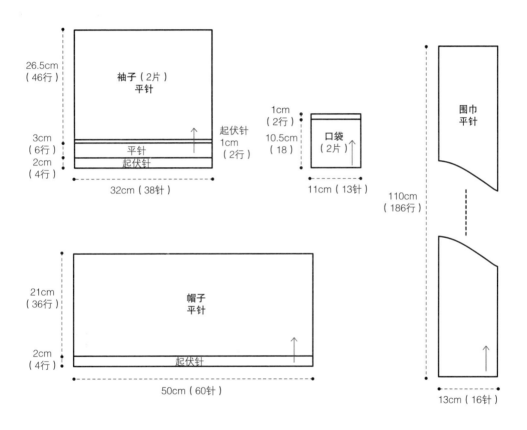

26.5cm
（46行）

袖子（2片）
平针

3cm
（6行）

平针

起伏针
1cm
（2行）

2cm
（4行）

起伏针

32cm（38针）

1cm
（2行）

10.5cm
（18）

口袋
（2片）

11cm（13针）

围巾
平针

110cm
（186行）

13cm（16针）

21cm
（36行）

帽子
平针

2cm
（4行）

起伏针

50cm（60针）

## 无袖T恤 〜

**适用年龄：**12~18个月

**所需材料**

线：菲尔达FRIMAS，粉色150克

5.5mm棒针2套，防脱针帽1个，缝合针1根，纽扣2个

*织片密度：起伏针—15针29行

编织法

背片

1. 起48针，用起伏针织出18.5cm（54行）。

2. 下一行，收6针，剩余的42针织到底。

3. 下一行收6针，剩余的36针织到底。继续织出11.5cm（32行）。

4. 下一行，先织9针后，用防脱针帽固定休针。用另一根棒针收18针，将剩余的9针织出2cm（6行），收针。

5. 将休针的9针也织出2cm（6行），收针。

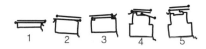

前片

1. 起48针，用起伏针织出18.5cm（54行）。

2. 下一行，收6针，剩余的42针织到底。

3. 下一行收6针，剩余的36针织到底。继续织出3.5cm（10行）。

4. 下一行，织18针后，用防脱针帽固定休针。用另一根棒针继续织剩余的18针，织出5cm（14行）。

5. 下一行，先收9针，剩余的9针织出5cm（14行），收针。

6. 将"4"中休针的18针，继续织出5cm（14行）。

7. 再织一行（使织片里面朝向编织者）。

8. 下一行收9针，剩余的针织到底。

9. 剩余的9针，织出5cm（14行），收针。

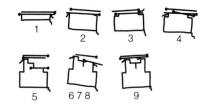

连接法

1. 整理织片。

2. 前片和背片外侧相对，沿同种缝制线缝合。

3. 扩大针眼制作扣眼，在对应位置固定纽扣。

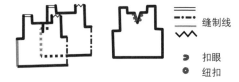

| | |
|---|---|
| ══ | 缝制线 |
| 〜〜 | |
| ➋ | 扣眼 |
| ◐ | 纽扣 |

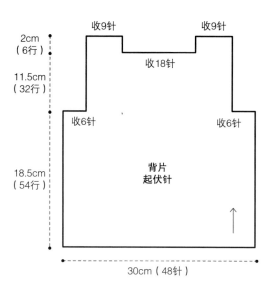

2cm
（6行）

收9针　　　收9针

收18针

11.5cm
（32行）

收6针　　　　　　收6针

18.5cm
（54行）

背片
起伏针

↑

30cm（48针）

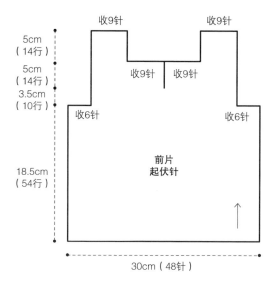

收9针　　　收9针

5cm
（14行）

收9针　收9针

5cm
（14行）

3.5cm
（10行）

收6针　　　　　　收6针

18.5cm
（54行）

前片
起伏针

↑

30cm（48针）

## 套头衫或针织衫 ⟲

**适用年龄：** 12~18 个月

**所需材料**

线：菲尔达 PARTNER 3.5，亮棕色 200 克
3.5mm 棒针 2 套，防脱针帽 1 个，缝合针 1
根，针织衫需要纽扣 4 个，套头衫需要按扣
5 个

* 织片密度：平针—23 针 30 行，起伏针—23
针 40 行

**毛球**

线：菲尔达 PARTNER 3.5，麦芽色 50 克、
亮粉色 50 克、淡玫瑰色 50 克

**编织法**

**针织衫的背片或套头衫的前片**

1. 用亮棕色毛线起 68 针，平针织出 18.5cm
   （56 行）。

2. 下一行先加 52 针，织完 68 针后，再加
   52 针，总共变成 172 针。

3. 继续用平针织，织出 9.5cm（28 行）。

4. 下一行织完 74 针后，用防脱针帽固定休针。
   用另一根棒针收 24 针，剩余的 74 针继续织，
   织出 4cm（12 行）。

5. 下一行收 74 针。

6. 将 "4" 中休针的 74 针，也织出 4cm
   （12 行）。

7. 下一行收针。

**针织衫的右前片或套头衫的左背片**

1. 用亮棕色毛线起 38 针，平针织出 18.5cm
   （56 行）。

2. 下一行织完 38 针后，加 52 针，总共变成
   90 针。

3. 继续用平针织，织出 9.5cm（28 行）。

4. 下一行先收 16 针，将剩余的 74 针织出
   4cm（12 行）。

5. 下一行收针。

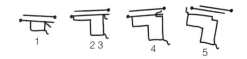

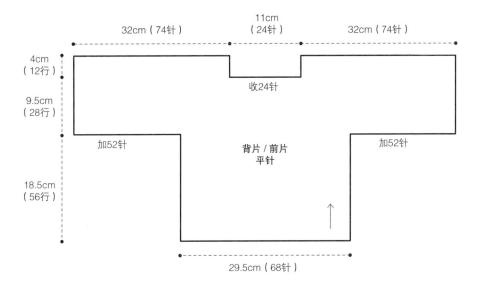

11cm
（24针）

32cm（74针）　　　　　　32cm（74针）

4cm
（12行）

收24针

9.5cm
（28行）

加52针　　　背片／前片　　　加52针
　　　　　　平针

18.5cm
（56行）

29.5cm（68针）

针织衫的左前片或套头衫的右背片

1. 用亮棕色毛线起 38 针，平针织出 18.5cm（56 行）。
2. 下一行先加 52 针，再织 38 针总共变成 90 针。
3. 继续用平针针法织，织出 9.5cm（28 行）。
4. 再织一行（使织片里面朝向编织者）。
5. 下一行先收 16 针，剩余的 74 针继续织，织出 4cm（12 行）。
6. 下一行收针。

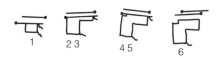

套头衫的领口

1. 用亮棕色毛线起 11 针，用起伏针织出 19.5cm（78 行）。
2. 下一行收针。用相同的方法再织一片。

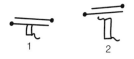

针织衫的口袋

1. 用亮棕色毛线起 18 针，平针织出 6.5cm（20 行）。
2. 下一行收针。用相同的方法再织一片。

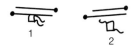

套头衫的彩豆

1. 用麦芽色毛线起 5 针，平针织 6 行，收针。
2. 用亮粉色毛线，以相同的方法再织一片。
3. 用淡玫瑰色毛线，以相同的方法再织一片。

连接法

1. 整理织片。
2. 前片和背片的外侧相对，沿同种缝制线缝合。
3. 扩大针眼，做成扣眼，在相应位置固定纽扣。
4. 针织衫：口袋固定在前面。
5. 套头衫：2 片领口固定在前片中心位置两侧。
6. 彩豆的边缘做成褶皱状。用按扣固定在毛衣面。

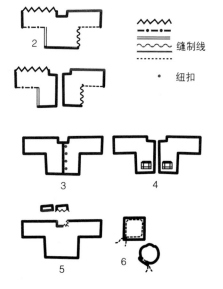

缝制线

纽扣

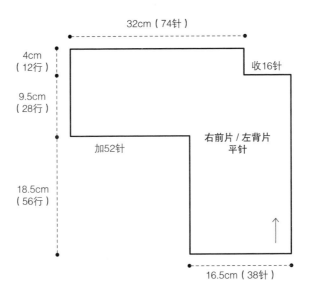

32cm（74针）

4cm
（12行）

9.5cm
（28行）

收16针

加52针

右前片 / 左背片
平针

18.5cm
（56行）

16.5cm（38针）

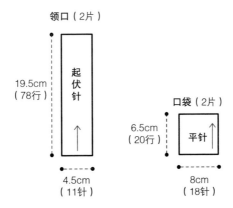

领口（2片）

19.5cm
（78行）

起
伏
针

4.5cm
（11针）

口袋（2片）

6.5cm
（20行）

平针

8cm
（18针）

## 29 突尼斯式套头衫（成品见 P56）

### 套头衫 ❀

**适用年龄：** 2 ~ 4 岁
**所需材料**
线：菲尔达 FRIMAS ，紫色 200 克（2 岁）/ 250 克（4 岁）
6mm 棒针 2 套，防脱针帽 1 个，缝合针 1 根
\* 织片密度：15 针 21 行

**编织法**

**<2 岁>**

1. 起 50 针，平针织出 22cm（46 行）。

2. 下一行先加 33 针，再织 55 针，再加 33 针，总共变成 116 针。

3. 下一行开始，按下述方式织出 1cm（2 行）。
   起伏针织 5 针→平针织 106 针→起伏针织 5 针

4. 完成后，下一行先用起伏针织 5 针、平针织 49 针、起伏针织 4 针后，将左边棒针的前面 58 针休针（用防脱针帽固定）。
   用新的棒针，按起伏针织 4 针、平针织 49 针、起伏针织 5 针的方式将右边棒针上的 58 针织出 5.5cm（12 行）。

5. 下一行开始，右边棒针上的 58 针按下述方式织出 2.5cm（6 行）。
   起伏针织 5 针→平针织 42 针→起伏针织 11 针

6. 再织一行（使织片里面朝向编织者）。

7. 下一行先收 7 针，然后按起伏针织 4 针、平针织 42 针、起伏针织 5 针的方式，将剩余 51 针织出 6cm（12 行）。

8. 休针，用防脱针帽固定。

9. 将左边棒针上休针的 58 针，按下述方式织出 5.5cm（12 行）。
   起伏针针法织 4 针→平针针法织 49 针→起伏针针法织 5 针

10. 下一行开始，右边棒针上的 58 针按下述方式织出 2.5cm（6 行）。
    起伏针织 11 针→平针织 42 针→起伏针织 5 针

11. 下一行先收 7 针，然后按起伏针织 5 针、平针织 42 针、起伏针织 4 针的方式，将剩余 51 针织出 6cm（12 行）。

12. 将右边棒针上的 51 针继续织，然后加 14 针，接着织左边棒针的 51 针，总共变成 116 针。此时织法如下。
    起伏针织 5 针→平针织 42 针→起伏针织 22 针→平针织 42 针→起伏针织 5 针，织 2.5cm（6 行）；换成起伏针织 5 针→平针织 106 针→起伏针织 5 针，织 8.5cm（18 行）。

13. 下一行先收 33 针，剩余 83 针用平针织到底。

14. 下一行再收 33 针，剩余的 50 针用平针织出 22cm（46 行），收针。

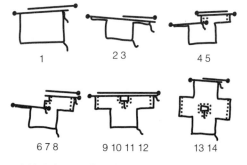

1　　　2 3　　　4 5

6 7 8　　　9 10 11 12　　　13 14

\* 连接法参见 4 岁织法。

<2岁>

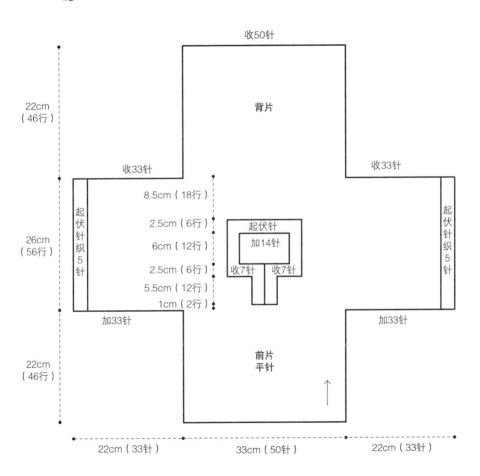

收50针

背片

22cm
（46行）

收33针                              收33针

起伏针织5针          8.5cm（18行）

起伏针
加14针

2.5cm（6行）

26cm
（56行）          6cm（12行）                        收7针  收7针

起伏针织5针

2.5cm（6行）

5.5cm（12行）

1cm（2行）

加33针                                                           加33针

前片
平针

22cm
（46行）

22cm（33针）          33cm（50针）          22cm（33针）

**<4 岁 >**

1. 起 55 针，平针织出 24cm（50 行）。

2. 下一行先加 39 针，再织 54 针，再加 39 针，总共变成 132 针。

3. 下一行开始，按下述方式织出 1cm（2 行）。
   起伏针织 5 针→平针织 122 针→起伏针织 5 针

4. 完成后，下一行先用起伏针织 5 针、平针织 57 针、起伏针织 4 针后，将左边棒针的前面 66 针休针（用防脱针帽固定）。
   用新的棒针，按起伏针织 4 针、平针织 57 针、起伏针织 5 针的方式将右边棒针上的 66 针织出 7.5cm（16 行）。

5. 下一行开始，右边棒针上的 66 针按下述方式织出 2.5cm（6 行）。
   起伏针织 5 针→平针织 49 针→起伏针织 12 针

6. 再织一行（使织片里面朝向编织者）。

7. 下一行先收 8 针，然后按起伏针织 4 针、平针织 49 针、起伏针织 5 针的方式，将剩余 58 针织出 6cm（12 行）。

8. 休针，用防脱针帽固定。

9. 将左边棒针上休针的 66 针，按下述方式织出 7.5cm（16 行）。
   起伏针织 4 针→平针织 57 针→起伏针织 5 针

10. 下一行开始，右边棒针上的 66 针按下述方式织出 2.5cm（6 行）。
    起伏针织 12 针→平针织 49 针→起伏针织 5 针

11. 下一行先收 8 针，然后按起伏针织 5 针、平针织 49 针、起伏针织 4 针的方式，将剩余 58 针织出 6cm（12 行）。

12. 将右边棒针上的 58 针继续织，然后加 16 针，接着织左边棒针的 58 针，总共变成 132 针。此时织法如下。
    起伏针织 5 针→平针织 49 针→起伏针织 24 针→平针织 49 针→起伏针织 5 针，织 2.5cm（6 行）；换成起伏针织 5 针→平针织 122 针→起伏针织 5 针，织 10.5cm（22 行）。

13. 下一行先收 39 针，剩余 93 针用平针织到底。

14. 下一行再收 39 针，剩余的 54 针用平针织出 24cm（50 行），收针。

连接法（通用）

1. 在反平面针法组织中整理织片。

2. 前片和背片外侧相对，沿同种缝制线缝合。

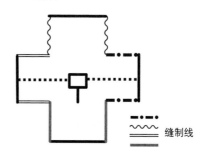

<u>· — · — ·</u>
〜〜〜〜〜 缝制线
———————

<4岁>

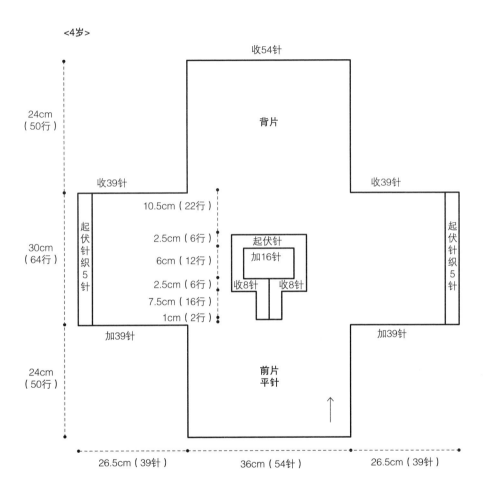

收54针

背片

24cm
（50行）

收39针　　　　　　　　　　　　　　　　　　　收39针

10.5cm（22行）

起伏针织5针

起伏针
加16针

2.5cm（6行）

6cm（12行）

收8针　　收8针

2.5cm（6行）

7.5cm（16行）

1cm（2行）

起伏针织5针

30cm
（64行）

加39针　　　　　　　　　　　　　　　　　　　加39针

前片
平针

24cm
（50行）

26.5cm（39针）　　　　　36cm（54针）　　　　　26.5cm（39针）

## 30 马甲和短裤（成品见 P58）

## 马 甲 ⌇

**适用年龄：** 12~18 个月
**所需材料**
线：菲尔达 PHIL DOUCE，棕灰色 100 克
4.5mm 棒针 2 套
防脱针帽 1 个，缝合针 1 根，纽扣 3 个
* 织片密度：15 针 24 行

编织法
背片
1. 起 47 针，用平针织出 17.5cm（42 行）。
2. 下一行收 6 针，剩余的 41 针织到底。
3. 下一行收 6 针，剩余的 35 针织到底织出 6.5cm（16 行）。
4. 下一行先织 9 针后，用防脱针帽固定休针。用另一根棒针收 17 针，剩余的 9 针织到底。
5. 将剩余的 9 针织出 4cm（10 行），收针。
6. 将"4"中休针的 9 针也织出 4cm（10 行），收针。

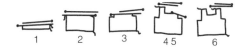

右前片
1. 起 26 针，用平针织出 17.5cm（42 行）。
2. 再织一行（使织片里面朝向编织者）。
3. 下一行先收 6 针，剩余的 20 针织出 4.5cm（12 行）。
4. 下一行收 11 针。

5. 用剩余的 9 针织出 6cm（14 行），收针。

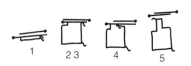

左前片
1. 起 26 针，用平针织出 17.5cm（42 行）。
2. 下一行，收 6 针，剩余的 20 针织出 4.5cm（12 行）。
3. 再织一行（使织片里面朝向编织者）。
4. 下一行收 11 针。
5. 用剩余的 9 针织出 6cm（14 行），收针。

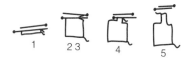

连接法
1. 整理织片。
2. 前片和背片外侧相对，沿同种缝制线缝合。
3. 左前片扩大针眼，做成 3 个扣眼，相应位置上固定纽扣。

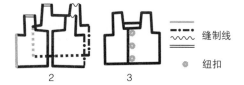

〰〰〰 缝制线

◉ 纽扣

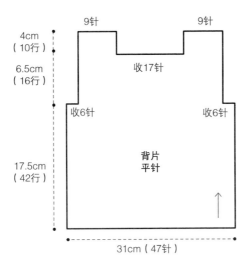

9针    9针

4cm
（10行）

收17针

6.5cm
（16行）

收6针    收6针

17.5cm
（42行）

背片
平针

31cm（47针）

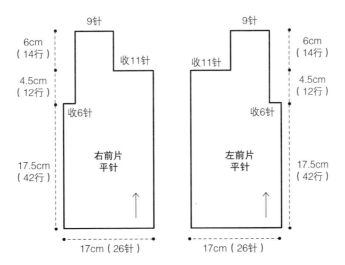

9针    9针

6cm
（14行）

收11针    收11针

6cm
（14行）

4.5cm
（12行）

收6针    收6针

4.5cm
（12行）

17.5cm
（42行）

右前片
平针

左前片
平针

17.5cm
（42行）

17cm（26针）    17cm（26针）

# 短 裤 〜

**适用年龄：** 12~18 个月

**所需材料**

线：菲尔达 PARTNER 3.5，黑棕色 100 克

3.5mm 棒针 2 套，缝合针 1 根，防脱针帽 1

个，纽扣 2 个，宽 2cm 的松紧带 52cm

\* 织片密度：23 针 30 行

编织法

背片

1. 起 32 针，用起伏针织出 1cm（3 行）。

2. 下一行，换用平针织。

3. 织出 1cm（3 行）后，用防脱针帽固定
   休针。

4. 用另一根棒针起 32 针，用起伏针织出
   1cm（3 行）。

5. 下一行平针织出 1cm（3 行）。

6. 下一行，织完 32 针后，加 3 针，然后连
   上休针的 32 针继续织，总针数变成 67 针。

7. 继续用平针织。

8. 织出 22.5cm（68 行），收针。

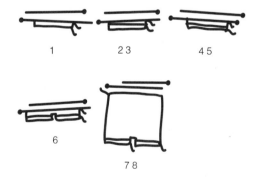

前片

用背片的方法完成。

背带

1. 起 7 针，用起伏针织。

2. 织出 43cm（172）行，收针。

3. 用相同的方法再织一条。

连接法

1. 整理织片。

2. 前片和背片的外侧相对，沿同种缝制线
   缝合。

3. 将短裤的上边向内折叠 2.5cm，在里侧缝
   合，穿好松紧带。

4. 背带和纽扣一起固定在前片。

5. 背带交叉后，在背片的上边处固定。

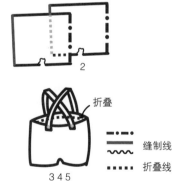

折叠

- - - 缝制线

〜〜〜 缝制线

· · · · 折叠线

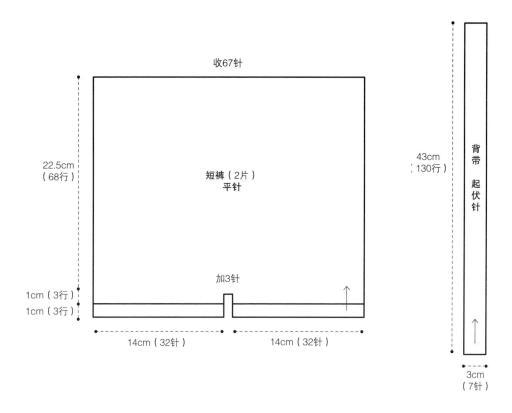

收67针

22.5cm
（68行）

短裤（2片）
平针

43cm
（130行）

背带　起伏针

加3针

1cm（3行）
1cm（3行）

14cm（32针）　14cm（32针）

3cm
（7针）

## 31 毯子和抱枕（成品见 P60）

~~~~~~~~~~~~~~~~~~~~~~~~~~~

### 毯 子 ⤵

**适用年龄：** 12 个月

**所需材料**

线：菲尔达 RAPIDO，卡其色 300 克，亮灰色 50 克，黑色 50 克，白色 50 克

7mm 棒针，缝合针 1 根

\* 织片密度：平针—11 针 16 行，起伏针—11 针 20 行

编织法

1. 用卡其色毛线起 50 针，用起伏针织 3cm（6 行）。

2. 下一行开始，按照起伏针织 4 针→平针织 42 针→起伏针织 4 针，织出 14cm（22 行）。

3. 下一行开始，起伏针织 4cm（8 行）。

4. 下一行开始，按照起伏针织 4 针→平针织 42 行→起伏针织 4 针，织出 34cm（54 行）。

5. 下一行开始，用起伏针织 12cm（26 行）。

6. 下一行收针。

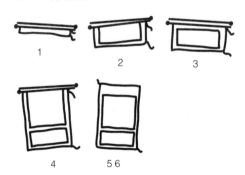

连接法

1. 整理织片。

2. 用平针绣法绣上图案。

毯子上的刺绣图案

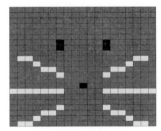

抱枕上的刺绣图案

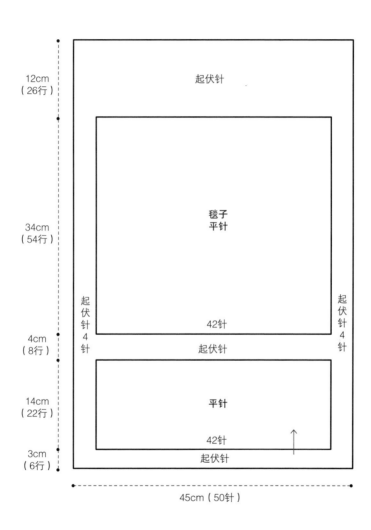

12cm
（26行）

34cm
（54行）

起伏针

毯子
平针

42针

起伏针

起伏针
4针

起伏针
4针

4cm
（8行）

起伏针

14cm
（22行）

平针

42针

3cm
（6行）

起伏针

45cm（50针）

# 抱 枕 ～

**适用年龄：** 12 个月
**所需材料**
线：菲尔达 RAPIDO，灰色 150 克、灰褐色 50 克、黑色 50 克、白色 50 克
7mm 棒针 2 套，防脱针帽 1 个，缝合针 1 根，棉花若干
* 织片密度：11 针 16 行

编织法
主体
1. 用灰色毛线起 55 针，用起伏针织出 9cm（20 行）。
2. 换用平针织 14cm（22 行）。
3. 下一行先收 6 针，织 16 针后，用防脱针帽固定休针。用另一根棒针收 11 针，再织 16 针后，最后的 6 针收针。
4. 将剩余的 16 针织出 14cm（22 行），收针。
5. 将"3"中休针的 16 针，用平针织出 14cm（22 行），收针。

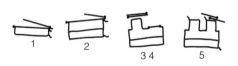

底片
1. 用卡其色毛线起 16 针，用平针织出 16cm（26 行）。
2. 下一行收针。

连接法
1. 整理织片。
2. 在主体中央，用平针绣法绣出兔子的脸部图案。
3. 沿着虚线折叠主体后，沿同种缝制线缝合。
4. 在耳朵和主体中填充棉花，将底片缝合到主体上，将边角形状整理好。
5. 制作直径 8cm 的毛球，固定于起伏针和平针织出的线绳上，做成兔子的尾巴。

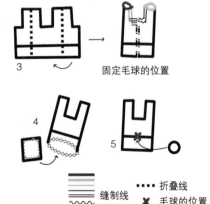

固定毛球的位置

缝制线　┄┄ 折叠线
✖ 毛球的位置

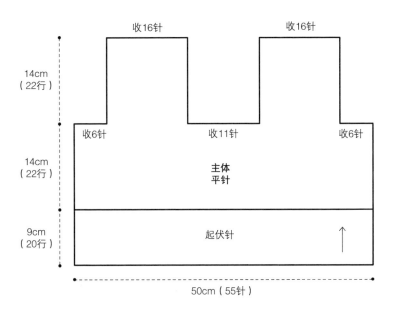

收16针　　　　　　　　收16针

14cm
（22行）

收6针　　　　　收11针　　　　　收6针

主体
平针

14cm
（22行）

起伏针

9cm
（20行）

50cm（55针）

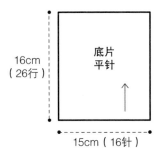

16cm
（26行）

底片
平针

15cm（16针）

# 32 背心裙和护腿（成品见 P62）

## 背心裙 ～

**使用年龄**：4 ~ 6 岁

**所需材料**

线：菲尔达 PHIL OURSON，亮棕色 150 克
（4 岁）/ 200 克（6 岁）；菲尔达 PARTNER 6，
深棕色 50 克

4mm 棒针，缝合针 1 根

*织片密度：18 针 26 行

编织法

<4 岁>

背片

1. 起 63 针，用平针织。

2. 织出 45cm（117 行），收针。

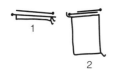

前片

用背片的方法完成前片。

连接法

1. 整理织片。

2. 前片和背片叠放在一起，沿同种缝制线缝
合。（肩部缝 7.5cm，侧线从底边开始缝
25cm）

3. 用 3 根 4 股的深棕色毛线编成 185cm 的
麻绳。
距麻绳两端 2~6cm 处用 1 股毛线缠几圈。

<6 岁>

背片

1. 起 68 针，用平针织。

2. 织出 49cm（127 行），收针。

前片

用背片的方法完成前片。

连接法

1. 整理织片。

2. 前片和背片叠放在一起，沿同种缝制线缝
合。（肩部缝 7.5cm，侧线从底边开始缝
25cm）

3. 用 3 根 4 股的深棕色毛线编成 190cm 的
麻绳。
距麻绳的两端 2~6cm 处用 1 股毛线缠
几圈。

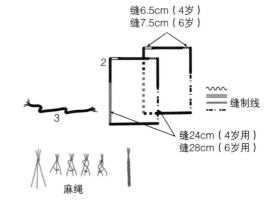

缝6.5cm（4岁）
缝7.5cm（6岁）

缝制线

缝24cm（4岁用）
缝28cm（6岁用）

麻绳

<4岁>

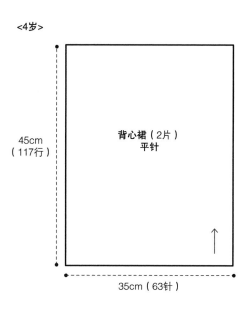

45cm
（117行）

背心裙（2片）
平针

35cm（63针）

<6岁>

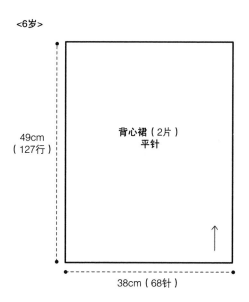

49cm
（127行）

背心裙（2片）
平针

38cm（68针）

# 护 腿 ～

**适用年龄：** 4 ~ 6 岁

**所需材料**

线：菲尔达 PHIL OURSON，亮棕色 50 克；
菲尔达 PARTNER 6，深棕色 50 克、红色 50
克、粉色 50 克

4mm 棒针，缝合针 1 个

\* 织片密度：18 针 26 行

编织法

**<4 岁 >**

1. 用亮棕色毛线起 41 针，用平针织。
2. 织到高度 20cm（52 行），收针。相同的
   方法再织一面。

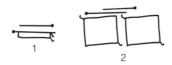

毛球（通用）

1. 用厚纸板剪 2 个圆片，在圆片中间剪去一
   个小圆（如图），变成圆环。
2. 做出两个圆环，贴放在一起。
3. 将圆环上缠满毛线。
4. 用剪刀沿圆环外边将毛线剪断。
5. 将两个圆环稍稍分开，用同色毛线在毛线
   中点处缠绕扎紧。
6. 确认缠紧扎牢后，去掉厚纸版，将毛球修圆。

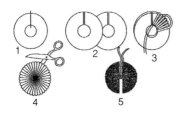

**<6 岁 >**

1. 用亮棕色毛线起 43 针，用平针织。
2. 织到高度 23cm（60 行），收针。相同的
   方法再织一面。

连接法

1. 整理织片。
2. 将护腿制片对折，沿缝纫线缝合。
3. 用红色、粉色毛线，分别制作 2 个直径
   4cm 的毛球（共 4 个）。
4. 用 3 根 4 股的深棕色毛线编成 2 根 103cm
   的麻绳。
5. 将彩色毛球固定到麻绳的两端。

　　　　　　━━━━━　缝制线
　　　　　　⭕　　　　毛球

&lt;4岁&gt;

20cm
（52行）

护腿（2片）
平针

↑

23cm（41针）

&lt;6岁&gt;

23cm
（60行）

护腿（2片）
平针

↑

24cm（43针）

~~~~~~~~~~~~~~~~~~~~~~~~~~~~~~~~~

## 连衣裙 ～

**适用年龄**：12~18 个月
**所需材料**
线：菲尔达 PARTNER 3.5，紫红色 150 克、
荧光粉色 50 克
3.5mm 棒针，缝合针 1 根
\* 织片密度：23 针 30 行

编织法
背片
1. 用紫红色毛线起 65 针，用平针织。
2. 织出 32.5cm（98 行），收针。

前片
1. 用紫红色毛线起 104 针，用平针织。
2. 织出 32.5cm（98 行），收针。

肩部
1. 用荧光粉色毛线起 35 针，用平针织。
2. 织出 23cm（70 行），收针。
3. 用相同的方法再织一片。

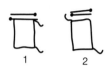

连接法
1. 整理织片。
2. 在连衣裙的上方针眼之间穿毛线，做成褶皱，收成 28cm 宽。
3. 连衣裙的前片和背片叠在一起，沿同种缝制线缝合。
4. 肩部对折，与前片和背片相连，沿同种缝制线缝合。
5. 沿缝制线缝 2cm，做成 V 型领口，固定蝴蝶结。

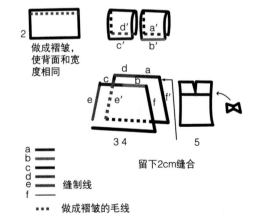

做成褶皱，
使背面和宽
度相同

留下2cm缝合

a
b
c
d
e
f
缝制线
••• 做成褶皱的毛线

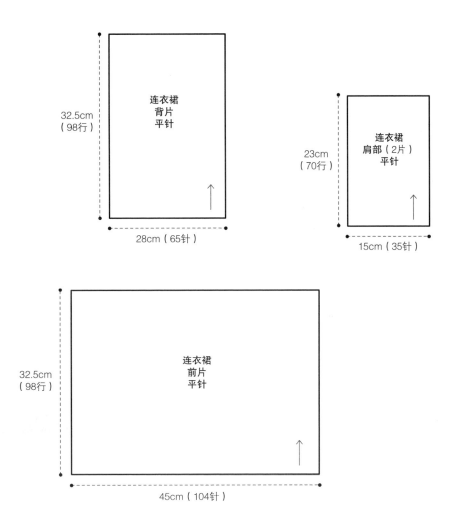

连衣裙
背片
平针

32.5cm
（98行）

28cm（65针）

连衣裙
肩部（2片）
平针

23cm
（70行）

15cm（35针）

连衣裙
前片
平针

32.5cm
（98行）

45cm（104针）

# 套 鞋 ～

**适用年龄：** 3 个月

**所需材料**

线：菲尔达 PARTNER 3.5，紫红色 50 克、荧光粉色 50 克

3.5mm 棒针，缝合针 1 根

\* 织片密度：23 针 30 行

编织法

鞋面

1. 用紫红色毛线起 9 针，用起伏针织出 5cm（14 行）。

2. 下一行先织 9 针，再加 4 针，总共变成 13 针。继续织出 10cm（30 行）。

3. 再织一行。下一行收 4 针，剩余的 9 针织到底，织出 5cm（14 行）收针。

4. 用相同的方法再织一片。

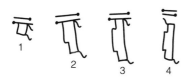

鞋底

1. 用紫红色毛线起 9 针，用平针织 8cm（24 行）。

2. 下一行收针。
   用相同的方法再织一片。

蝴蝶结

1. 起 13 针，用平针织 4cm（12 行）。

2. 下一行收针。

3. 紫红色蝴蝶结固定于连衣裙上，荧光粉色片蝴蝶结固定于套鞋上。

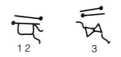

连接法

1. 整理织片。

2. 沿着虚线对折，沿缝制线缝合套鞋的鞋面。

3. 将鞋底缝到鞋面上，注意使鞋底的四个角呈圆形。

4. 套鞋的脚尖处用毛线拉紧固定。

5. 将套鞋翻过来。在蝴蝶结的中央多缠几圈毛线，固定于鞋面上。

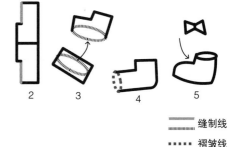

▨▨▨▨ 缝制线

▪▪▪▪▪ 褶皱线

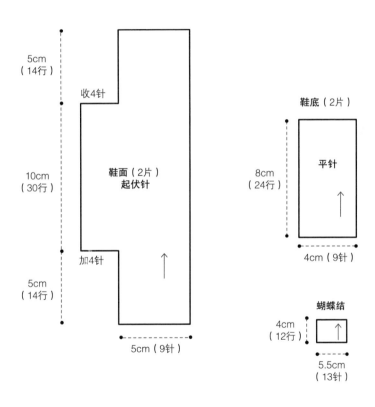

5cm
（14行）

收4针

鞋面（2片）
起伏针

10cm
（30行）

加4针

5cm
（14行）

5cm（9针）

鞋底（2片）

平针

8cm
（24行）

4cm（9针）

蝴蝶结

4cm
（12行）

5.5cm
（13针）

## 34 防寒帽和披肩（成品见 P66）

### 防寒帽和披肩 ⌒

**适用年龄：** 2 岁 /4~6 岁
**所需材料**
防寒帽
线：菲尔达 PARTNER 6，灰色 150 克（2 岁）/ 200 克（4~6 岁），黄色 50 克
6mm 棒针，缝合针 1 根
* 织片密度：起伏针—15 针 22 行
花纹织片密度：平针 4 行→起伏针 2 行

披肩
线：菲尔达 RAPIDO 橙色，2 岁 250 克 / 4~6 岁 300 克
7mm 棒针，缝合针 1 个
* 织片密度：起伏针—11 针 21 行

编织法
**<2 岁 >**
防寒帽
1. 用灰色毛线起 75 针，反复织 12 组花纹，再用平针织 4 行。
2. 织完 76 行后，用黄色毛线、起伏针织 2 行，收针。

耳朵
根据图案，用平针织。用亮棕色毛线织 2 片，深黄色毛线织 2 片。

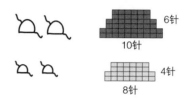

6针
10针

4针
8针

披肩
1. 起 68 针，起伏针织 4 行。
2. 下一行收 1 针，剩余的针用下针织到底。
3. 下一行用下针织。
4. 重复步骤 "2" 和 "3"。
5. 剩余 2 针的时候，收针。

1234
5

<2岁>

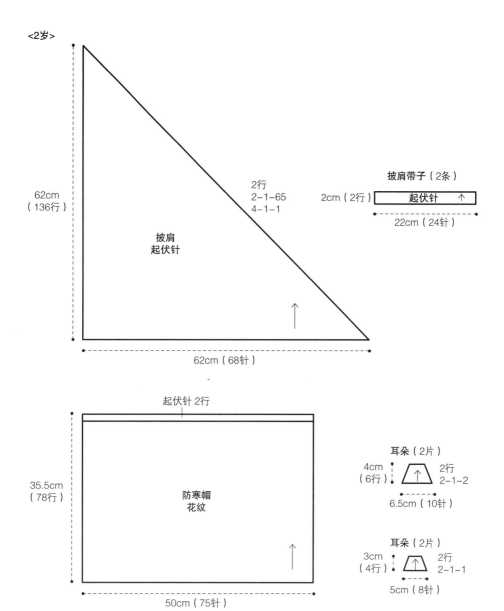

62cm
（136行）

2行
2-1-65
4-1-1

披肩
起伏针

62cm（68针）

披肩带子（2条）

2cm（2行） 起伏针 ↑

22cm（24针）

起伏针 2行

35.5cm
（78行）

防寒帽
花纹

50cm（75针）

耳朵（2片）

4cm
（6行）

2行
2-1-2

6.5cm（10针）

耳朵（2片）

3cm
（4行）

2行
2-1-1

5cm（8针）

<4~6 岁 >

防寒帽

1. 用亮棕色毛线起 81 针，反复 13 组花纹，
   再用平针针法织 4 行。

2. 织完 82 行，用深黄色毛线起伏针针法织
   2 行后，收针。

耳朵

根据图案，用平针织。用亮棕色毛线织 2 面，
用深黄色毛线织 2 面。

披肩

1. 起 73 针，用起伏针织 4 行。

2. 下一行收第一针，剩余的针下针织。

3. 下一行继续下针织。

4. 重复步骤 "2" 和 "3"。

5. 剩余 2 针的时候，收针。

披肩带子（通用）

1. 起 24 针，起伏针针法织 2 行后，收针。

2. 相同的方法再织一面。

连接披肩（通用）

1. 整理织片。

2. 在披肩的两端固定带子。

缝制线

连接防寒帽（通用）

1. 整理织片。

2. 沿着缝制线缝合防寒帽子的侧线。

3. 把深黄色耳朵放到亮棕色耳朵之上，沿着
   缝制线缝合连接。

4. 把耳朵固定到防寒帽子上。

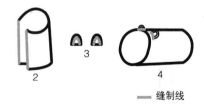

缝制线

<4~6岁>

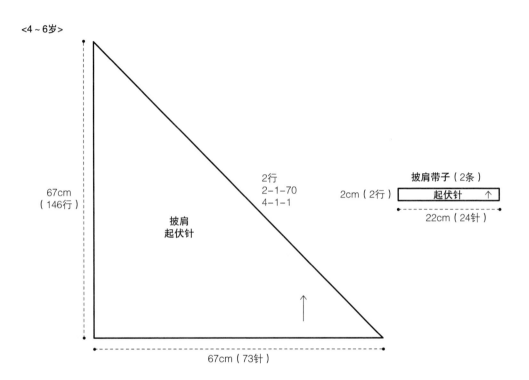

披肩
起伏针

2行
2-1-70
4-1-1

67cm
(146行)

67cm（73针）

披肩带子（2条）

2cm（2行） 起伏针 ↑

22cm（24针）

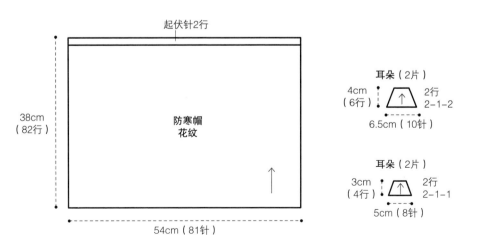

起伏针2行

防寒帽
花纹

38cm
(82行)

54cm（81针）

耳朵（2片）

4cm
（6行） 2行
2-1-2

6.5cm（10针）

耳朵（2片）

3cm
（4行） 2行
2-1-1

5cm（8针）

## 35 背带马甲（成品见 P68）

~~~~~~~~~~~~~~~~~~~~~~~~~~~

### 马 甲 ～

适用年龄：4 ~ 6 岁

**所需材料**

线：菲尔达 LAINE COTON，橙色 100 克（4 岁）/ 150 克（6 岁）

2.5mm 棒针 2 套（比平时织得密一些）

防脱针帽 1 个，纽扣（直径 27mm）3 个

\* 针法

2：2 针 双罗纹针法：（正针 2 针，反针 2 针）× 循环反复

### 编织纹络

菠萝针：所有针数都是单数。

第 1 行：（正针 1 针，反针 1 针）× 循环反复，以 1 针正针结束。

第 2 行：（正针 1 针，反针 1 针）× 循环反复，以 1 针正针结束。

循环反复第 1 行 ~ 第 2 行。即每一行的针型都会和前一行的相反。

\* 织片密度：

平针针法（2.5mm 棒针，10cm 正方形）—25 针 36 行

菠萝针针法（2.5mm 棒针，10cm 正方形）—24 针 36 行

2 针边端（2.5mm 棒针，20cm）—53 针

### 编织法

<4 岁 >

**主体**

将主体部分织成一片。

1. 起 144 针，用双罗纹针法织 6.5cm（24 行）。每行首末 3 针用正针。

2. 织步骤 "1" 的同时，制作 3 个 4 针扣眼。扣眼的位置在右侧边缘往里 4 针（从第 5 针开始），第一个扣眼制作在底边向上 1.5cm（4 行）处，扣眼之间留 3cm（8 行）。

3. 下一行，第 11 针织完，加 1 针滑针（用缝合针），其余 133 针休针。将这 12 针用双罗纹针法织出 2.5cm（10 行），收针。

4. 将休针的 133 针中最末端的 11 针移到另外的棒针上。

5. 用中间的 122 针继续织，开始织之前先加 1 针（用缝合针）；用菠萝针织下边的 44 针，其间均匀地完成 3 针减针（10 针、2 针合 1 针、10 针、2 针合 1 针、10 针、2 针合 1 针、11 针），变成 41 针；用平针织下边的 34 针，其间减 1 针（16 针、2 针合 1 针、16 针），变成 33 针；用菠萝针织下边的 44 针，其间均匀地完成 3 针减针（10 针、2 针合 1 针、10 针、2 针合 1 针、10 针、2 针合 1 针、11 针），变成 41 针；最后加 1 针（缝合针）；总共变成 117 针。

6. 将剩余的 117 针按下述方式织出 2.5cm（6 行）。

   缝合针 1 针→菠萝针 41 针→正平针 33 针→菠萝针 41 针→缝合针 1 针。

7. 下一行开始，先收 35 针，下边的 47 针按照菠萝针 7 针、平针 33 针、菠萝针织 7 针完成，最后再收 35 针。织出 10cm（36 行）。

8. 下一行开始，用菠萝针织完所有的 47 针，织出 2.5cm（10 行）后收针。

9. 处理步骤 "4" 中留下的 11 针：先加 1 针（缝合针）；用两针边端织法，织出 2.5cm（10 行）后收针。

\* 肩带的编织和连接方法请参考 6 岁用

<4岁>

主体

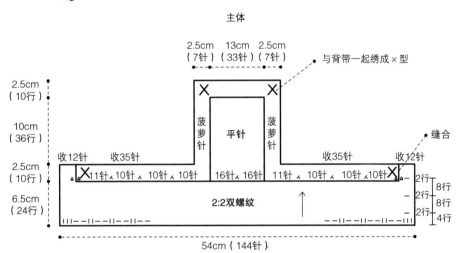

2.5cm　13cm　2.5cm
（7针）（33针）（7针）

与背带一起绣成×型

2.5cm
（10行）

10cm
（36行）

菠萝针　平针　菠萝针

缝合

收12针　　收35针

收35针　　收12针

2.5cm
（10行）

11针↖10针↖10针↖10针　16针↖16针　11针↖10针↖10针↖10针

2行
2行
2行

8行
8行
4行

6.5cm
（24行）

2:2双螺纹

54cm（144针）

背带（2条）

菠萝针　←

2.5cm
（7行）

36cm（130针）

<6 岁 >
主体
将主体部分织成一片。

1. 起 160 针，用双罗纹针法织 7.5cm（28 行）。每行首末 3 针用正针。

2. 织步骤"1"的同时，制作 3 个 4 针扣眼。扣眼的位置在右侧边缘往里 4 针（从第 5 针开始），第一个扣眼制作在底边向上 1.5cm（4 行）处，扣眼之间留 4cm（10 行）。

3. 下一行，第 11 针织完，加 1 针滑针（用缝合针），其余 149 针休针。将这 12 针用双罗纹针法织出 3.5cm（12 行），收针。

4. 将休针的 149 针中最末端的 11 针移到另外的棒针上。

5. 用中间的 138 针继续织，开始织之前先加 1 针（用缝合针）；用菠萝针织下边的 52 针，其间均匀地完成 4 针减针（12 针、2 针合 1 针、12 针、2 针合 1 针、12 针、2 针合 1 针、13 针），变成 48 针；用平针织下边的 34 针，其间减 1 针（16 针、2 针合 1 针、16 针），变成 33 针；用菠萝针织下边的 52 针，其间均匀地完成 4 针减针（12 针、2 针合 1 针、12 针、2 针合 1 针、12 针、2 针合 1 针、13 针），变成 48 针；最后加 1 针（缝合针）；总共变成 131 针。

6. 将剩余的 131 针按下述方式织出 2.5cm（6 行）。
   缝合针 1 针→菠萝针 48 针→正平针 33 针→菠萝针 48 针→缝合针 1 针。

7. 下一行开始，先收 40 针，下边的 51 针按照菠萝针 7 针、平针 33 针、菠萝针织 7 针完成，最后再收 40 针。织出 15cm（54 行）。

8. 下一行开始，用菠萝针织完所有的 51 针，织出 3.5cm（12 行）后收针。

9. 处理步骤"4"中留下的 11 针：先加 1 针（缝合针）；用两针边端织法，织出 3.5cm（12 行）后收针。

1 2      3      4 5 6      7 8      9

背带

1. 起 7/9 针，菠萝针针法织到 36/41cm 130/148 行），收针。

2. 相同的方法再织一面。

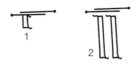

1            2

连接法（通用）

1. 缝合纽扣底衬的上部。

2. 与扣眼相对应的位置上固定纽扣。

3. 肩带的一端缝合到前面的上端角落上。一段固定到前面的菠萝针针法部分，另一端在背后交叉固定到下端的菠萝针针法部分。（参考照片和图示化的 × 部分）

4. 固定肩带的位置上，用 2 股毛线绣 × 型。

<6岁>

主体

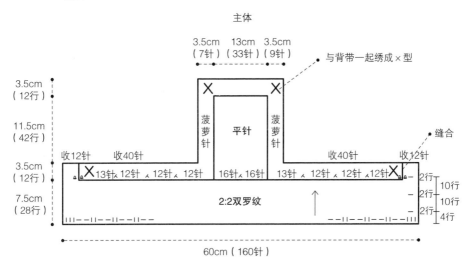

3.5cm　　13cm　　3.5cm
（7针）　（33针）　（9针）

3.5cm
（12行）

11.5cm
（42行）

3.5cm
（12行）

7.5cm
（28行）

与背带一起绣成×型

菠萝针　　平针　　菠萝针

缝合

收12针　　收40针

收40针　　收12针

13针、12针、12针、12针　　16针、16针　　13针、12针、12针、12针

2行 10行
2行 10行
2行 4行

2:2双罗纹

60cm（160针）

背带（2条）

菠萝针　　←

3.5cm
（9行）

41cm（148针）

187